# 周　期　表

| 10 | 11 | 12 | 13 | 14 | 15 | | 17 | 18 | 族／周期 |
|---|---|---|---|---|---|---|---|---|---|
| | | | | | | | | 4.003 ₂He ヘリウム 1s² | **1** |
| | | | 10.81 ₅B ホウ素 [He]2s²p¹ | 12.01 ₆C 炭素 [He]2s²p² | 14.01 ₇N 窒素 [He]2s²p³ | 16.00 ₈O 酸素 [He]2s²p⁴ | 19.00 ₉F フッ素 [He]2s²p⁵ | 20.18 ₁₀Ne ネオン [He]2s²p⁶ | **2** |
| | | | 26.98 ₁₃Al アルミニウム [Ne]3s²p¹ | 28.09 ₁₄Si ケイ素 [Ne]3s²p² | 30.97 ₁₅P リン [Ne]3s²p³ | 32.07 ₁₆S 硫黄 [Ne]3s²p⁴ | 35.45 ₁₇Cl 塩素 [Ne]3s²p⁵ | 39.95 ₁₈Ar アルゴン [Ne]3s²p⁶ | **3** |
| 58.69 ₂₈Ni ニッケル [Ar]3d⁸4s² | 63.55 ₂₉Cu 銅 [Ar]3d¹⁰4s¹ | 65.38 ₃₀Zn 亜鉛 [Ar]3d¹⁰4s² | 69.72 ₃₁Ga ガリウム [Ar]3d¹⁰4s²p¹ | 72.63 ₃₂Ge ゲルマニウム [Ar]3d¹⁰4s²p² | 74.92 ₃₃As ヒ素 [Ar]3d¹⁰4s²p³ | 78.97 ₃₄Se セレン [Ar]3d¹⁰4s²p⁴ | 79.90 ₃₅Br 臭素 [Ar]3d¹⁰4s²p⁵ | 83.80 ₃₆Kr クリプトン [Ar]3d¹⁰4s²p⁶ | **4** |
| 106.4 ₄₆Pd パラジウム [Kr]4d¹⁰ | 107.9 ₄₇Ag 銀 [Kr]4d¹⁰5s¹ | 112.4 ₄₈Cd カドミウム [Kr]4d¹⁰5s² | 114.8 ₄₉In インジウム [Kr]4d¹⁰5s²p¹ | 118.7 ₅₀Sn スズ [Kr]4d¹⁰5s²p² | 121.8 ₅₁Sb アンチモン [Kr]4d¹⁰5s²p³ | 127.6 ₅₂Te テルル [Kr]4d¹⁰5s²p⁴ | 126.9 ₅₃I ヨウ素 [Kr]4d¹⁰5s²p⁵ | 131.3 ₅₄Xe キセノン [Kr]4d¹⁰5s²p⁶ | **5** |
| 195.1 ₇₈Pt 白金 [Xe]4f¹⁴5d⁹6s¹ | 197.0 ₇₉Au 金 [Xe]4f¹⁴5d¹⁰6s¹ | 200.6 ₈₀Hg 水銀 [Xe]4f¹⁴5d¹⁰6s² | 204.4 ₈₁Tl タリウム [Xe]4f¹⁴5d¹⁰6s²p¹ | 207.2 ₈₂Pb 鉛 [Xe]4f¹⁴5d¹⁰6s²p² | 209.0 ₈₃Bi ビスマス [Xe]4f¹⁴5d¹⁰6s²p³ | (210) ₈₄Po ポロニウム [Xe]4f¹⁴5d¹⁰6s²p⁴ | (210) ₈₅At アスタチン [Xe]4f¹⁴5d¹⁰6s²p⁵ | (222) ₈₆Rn ラドン [Xe]4f¹⁴5d¹⁰6s²p⁶ | **6** |
| (281) ₁₁₀Ds ダームスタチウム [Rn]5f¹⁴6d⁹7s¹ | (280) ₁₁₁Rg レントゲニウム [Rn]5f¹⁴6d¹⁰7s¹ | (285) ₁₁₂Cn コペルニシウム [Rn]5f¹⁴6d¹⁰7s² | (278) ₁₁₃Nh ニホニウム [Rn]5f¹⁴6d¹⁰7s²p¹ | (289) ₁₁₄Fl フレロビウム [Rn]5f¹⁴6d¹⁰7s²p² | (289) ₁₁₅Mc モスコビウム [Rn]5f¹⁴6d¹⁰7s²p³ | (293) ₁₁₆Lv リバモリウム [Rn]5f¹⁴6d¹⁰7s²p⁴ | (293) ₁₁₇Ts テネシン [Rn]5f¹⁴6d¹⁰7s²p⁵ | (294) ₁₁₈Og オガネソン [Rn]5f¹⁴6d¹⁰7s²p⁶ | **7** |

| 152.0 ₆₃Eu ユウロピウム [Xe]4f⁷6s² | 157.3 ₆₄Gd ガドリニウム [Xe]4f⁷5d¹6s² | 158.9 ₆₅Tb テルビウム [Xe]4f⁹6s² | 162.5 ₆₆Dy ジスプロシウム [Xe]4f¹⁰6s² | 164.9 ₆₇Ho ホルミウム [Xe]4f¹¹6s² | 167.3 ₆₈Er エルビウム [Xe]4f¹²6s² | 168.9 ₆₉Tm ツリウム [Xe]4f¹³6s² | 173.0 ₇₀Yb イッテルビウム [Xe]4f¹⁴6s² | 175.0 ₇₁Lu ルテチウム [Xe]4f¹⁴5d¹6s² | ランタノイド |
|---|---|---|---|---|---|---|---|---|---|
| (243) ₉₅Am アメリシウム [Rn]5f⁷7s² | (247) ₉₆Cm キュリウム [Rn]5f⁷6d¹7s² | (247) ₉₇Bk バークリウム [Rn]5f⁹7s² | (252) ₉₈Cf カリホルニウム [Rn]5f¹⁰7s² | (252) ₉₉Es アインスタイニウム [Rn]5f¹¹7s² | (257) ₁₀₀Fm フェルミウム [Rn]5f¹²7s² | (258) ₁₀₁Md メンデレビウム [Rn]5f¹³7s² | (259) ₁₀₂No ノーベリウム [Rn]5f¹⁴7s² | (262) ₁₀₃Lr ローレンシウム [Rn]5f¹⁴6d¹7s² | アクチノイド |

# 楽しく学ぶ
# くらしの化学

## 生活に生かせる化学の知識

纐纈 守 著
Koketsu Mamoru

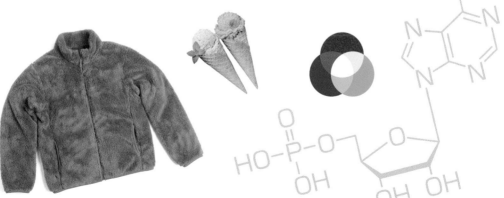

化学同人

本書を教科書にご採用いただきました先生には，講義時に活用いただける「講義用スライド」と，本書の図表データを収めた「講義用図表データ」をご提供いたします．詳しくは，化学同人ウェブサイトの「講義用・学習用補助資料一覧」

https://www.kagakudojin.co.jp/appendices/hojyo.html

をご覧ください．ご不明点などは小社営業部までお問い合わせください．

# ● はじめに ●

　私たちは，化学の知識があってもなくても化学現象に囲まれて生活しています．たとえば，毎日食べている食事は，たんぱく質や脂質といった化学成分でできています．それを摂取すると，体内にある酵素（生体触媒）のはたらきで化学反応が起こり，たんぱく質はペプチドやアミノ酸に，脂質はグリセリンと脂肪酸に分解されます．さらに分解が進むことで，たんぱく質と脂質は最終的に水と炭酸ガスになり，水は汗や尿として，炭酸ガスはゲップやおならとして排泄されます．私たちは，その過程でエネルギーを得ることで，健康な体を維持し，成長しているのです．それ以外にも，パソコンやスマートフォン，自動車，橋やトンネルなど，どんなものでも，化学で学ぶ原子からできています．原子は分子を作り，パソコンなどの電化製品の部品になり，パソコン画面内の液晶分子が化学的な反応によって，文字や写真や動画になります．

　このように，毎日の生活で接している現象を化学的な目線で見てみると，あれもこれも「化学」ということがいっぱいです．ボールペン，スーパーの買い物袋など石油を原料とするプラスチック製品は，石油化学の発展がなければ存在しなかった製品です．「化学」がもし身の回りからなくなったら，今のあたりまえの生活はできません．高校までは化学が苦手であまり好きじゃなかったという方も，本書を読み終える頃には，「化学とは，いつも接している生活そのものだったんだ」と気づくでしょう．理系学生にとっても，改めて日常生活を化学的な視点で見てみると，今まで勉強してきたことがこんなに日常生活で必要とされているのだと気づくでしょう．

　こんな楽しくて役に立つ化学の世界にご招待することが，この本の目的です．何気なく過ごしている生活の中で，多くの化学現象や化学製品に触れていることを改めて考え，整理してみることで，より賢い日常生活が送れることを実感してほしいという願いをこめて作成しました．

　本書は主に大学や短期大学の 1 年生向けの教養教育の講義で使用することを念頭に，化学に関する重要なポイントの学習を半期分の講義で完結できるように構成されています．多くの図表を用いて，ビジュアルでとらえやすく，化学に対する好奇心をもてるように工夫しました．教科書として採用いただいた先生には，講義でそのまま使えるパワーポイント資料をご提供いたします．本書によって，文系や理系を問わず多くの学生たちの化学好きになる手助けができることを願っております．

　最後になりましたが，この本の企画を取り上げていただき編集作業に多大なるご尽力をいただきました（株）化学同人の後藤南氏，上原寧音氏，坂井雅人氏に心より感謝申し上げます．

2021 年早春

纐纈　守

# 本書の利用方法

## ● 本書の構成

　各章とも以下のようなユニットで構成されています. 読者のみなさんが, 作業をしたり写真を見たりしながら, 化学に興味をもつとともに, 生活で役立つ知識を身につけられるよう工夫しています.

**◆章扉◆**
イントロのクイズと, キャラクターの会話などから, その章で何を学ぶかを知ります.

**◆テーマ◆**
その章の内容に関する化学の基本知識を, 穴埋めなどの作業をしながら押さえます.

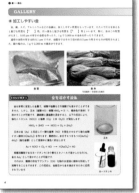

**◆ギャラリー＆コラム◆**
写真をふんだんに使って幅広い世界や, 興味深い話題に視野を広げます.

**◆学んだこと＆実用知識◆**
最後に, 知っておきたいポイントのまとめと, 生活で実際に役立つ知識を紹介します.

## ● 講義を受講される学生のみなさんへ

　講義中に先生が解説される内容をよく聞き, 空欄に用語を書き込んでください. 手を動かして書き込むことにより重要語句を記憶し, 定着させる助けとなります. また, 「WORK」の指示があるところでは, 色塗りなどの作業をしてみてください. 黒板の板書をすべて書き写していると, 講義を聞き逃すことがあります. 自分で書き加えて作りあげたページが, 自分だけの教科書となります.

## ● 教科書としてご使用の先生方へ

　大学の講義90分を想定して, 各章とも同じボリュームになっており, 15週分の講義に活用いただけます. 本書に記載の内容は, ご自身の生活体験の中でご理解いただける内容ばかりです. 受講生のみなさんに, わかりやすく簡易な言葉でご説明いただければ幸いです. 少しでも講義のお役にたてますよう, 講義用スライドも用意していますので, どうぞご活用ください.

## ● 知識習得や楽しみのために読んでくださる一般読者のみなさんへ

　写真, 解説, マージン欄のトピックスや補足説明を, 順に追って読んでいただくだけで, 化学と生活との結びつきが理解できます. 途中, キーワードを空欄にしていますので, クイズ感覚で, まずはご自身で考えたり調べたりして埋めてみてください. たいていはすぐ近くに答えがあります. わからないときは, 各章の章末に解答を掲載していますので無理をせずに確認してください.

# もくじ

## 第 I 部　衣（飾る）

# 第Ⅱ部　食（食べる）

## 5章　味の化学　　33

## 6章　栄養の化学①　炭水化物，たんぱく質　　41

## 7章　栄養の化学②　脂質，ミネラル，ビタミン　　49

# 第Ⅲ部　住（暮らす）

# 第1章

# 貴金属の化学

## Quiz

貴金属である金，銀，白金（プラチナ）を，これまでの採掘量が少ない順にならべてみよう！

|  | →答えは章末に |

名古屋城の金の
シャチホコと，
京都にある金閣
寺よね.

どうして大切な
装飾には金が使
われるのかな？

　古来から「金銀財宝」といわれるように，世界中の人びとは金や銀を財産などとても価値ある
ものとして扱っています．また，オリンピックでは，メダルに利用されています．

　金，銀，白金（プラチナ）は，どれも地球上に存在する量が少なく希少性があり，光沢があり
美しく「貴金属」と呼ばれます．その美しさと加工が容易なため，指輪や王冠などの宝飾品に用
いられています．しかも，さびたりすることがないので，財産としての価値がとても高い金属で
す．

　本章では，この3種の貴金属がどれくらい貴重なのか，なぜさびにくいのか，どうして共通
した性質があるのかなど，化学の目線から貴金属の特徴と性質を学んでいきます．

# 貴金属は世界にどれくらいあるの？

**\*比重**
ある物質の質量の，基準となる 4 ℃の水の質量に対する比．固体や液体の場合，水を基準とするので，金は水の 19.3 倍の密度があることになる．

■ **Topic**
かつては日本国内にも多くの金鉱山が存在していたが，今では商業ベースで大規模な操業が行われている国内の金鉱山は，菱刈(ひしかり)金山のみである．

### 日本の主要金山の産金量

| 鉱山名 | 産金量（トン） | |
|---|---|---|
| 菱刈（鹿児島） | 230.2 | 稼行中 |
| 佐渡（新潟） | 82.9 | 閉山 |
| 鴻之舞（北海道） | 73.2 | 閉山 |
| 串木野（鹿児島） | 55.7 | 稼行中 |
| 鯛生（大分） | 37 | 閉山 |
| 高玉（福島） | 29.6 | 閉山 |

■ **Topic**
2014 年の金の産出量は中国が 1 位，埋蔵量はオーストラリアが 1 位である．2007 年まで約 100 年間南アフリカが埋蔵量，産出量ともに 1 位だったが，掘りやすいところが掘りつくされ，順位が下がった．

## ■ 金 gold（元素記号：Au，原子番号：79）

　有史以来の金の産出量は，わずか 16 万トンです．金の比重\*は 19.3 なので，今，世界中にある金をすべて集めると，その容積は 16 万トン÷ 19.3 ＝ 8,290 m³ です．オリンピックの公式 50 m プール（2,500 m³）約【①　　　】個分の量になります．一方，金の埋蔵量は，5 〜 6 万トンとされています（**表 1.1**）．容積でいえば，2,600 m³ から 3,100 m³ です．現在地中に残っている金は，プール約【②　　　】個分しかありません．まだ掘り起こされていないものを含めても，地球にある金のすべてはわずか 50 m プール 4 個分です．

　電子部品などに含まれる再生可能な金は，日本国内に約 6,800 トンもあります．これは，世界の金産出量の約 2 年分，世界の金の埋蔵量の約 12 ％に相当します．金属がこのような状態にあることは，【③　　　　　　　】と表現されています．

## ■ 銀 silver（元素記号：Ag，原子番号：47）

　銀の産出量は，メキシコが 1 位で中国，ペルーと続きます（**表 1.2**）．埋蔵量はペルー，オーストラリア，ポーランド，チリと続き，比較的【④　　　】半球に多く存在します．

　銀の室温における電気と熱の伝えやすさ，光の反射率は，いずれも金属中で最大です．銀イオン（Ag⁺）はバクテリアなどに対して強い【⑤　　　】力を示すため，抗菌剤としても使用されています．

**表 1.1** 金の産出量と埋蔵量

| 順位 | 国名 | 産出量（トン） | 埋蔵量（トン） |
|---|---|---|---|
| 1 | 中国 | 450 | 1,900 |
| 2 | オーストラリア | 274 | 9,100 |
| 3 | ロシア | 247 | 8,000 |
| 4 | 米国 | 210 | 3,000 |
| 5 | 南アフリカ | 152 | 6,000 |
| 6 | カナダ | 152 | 2,000 |
| 7 | ペルー | 140 | 2,800 |
| 8 | メキシコ | 118 | 1,400 |
| 9 | ウズベキスタン | 100 | 1,700 |
| 10 | ガーナ | 91 | 1,200 |
| | 全世界 | 2,990 | 56,000 |

**WORK** ▶産出量と埋蔵量が 1 位の国に色を塗ってみよう！

**表 1.2** 銀の産出量と埋蔵量

| 順位 | 国名 | 産出量（トン） | 埋蔵量（トン） |
|---|---|---|---|
| 1 | メキシコ | 5,000 | 37,000 |
| 2 | 中国 | 4,060 | 43,000 |
| 3 | ペルー | 3,780 | 120,000 |
| 4 | オーストラリア | 1,720 | 85,000 |
| 5 | チリ | 1,570 | 77,000 |
| 6 | ボリビア | 1,340 | 22,000 |
| 7 | ロシア | 1,330 | 20,000 |
| 8 | ポーランド | 1,260 | 85,000 |
| 9 | 米国 | 1,180 | 25,000 |
| | 全世界 | 26,800 | 570,000 |

**WORK** ▶南半球の国に色を塗ってみよう！

## ■ 白金 / プラチナ platinum （元素記号：Pt，原子番号：78）

白金は，銀色の光沢をもつ金属です．単独で採掘するのは困難で，化学的な性質の似た6種の元素（白金 Pt，パラジウム Pd，ロジウム Rh，ルテニウム Ru，イリジウム Ir，オスミウム Os）と一緒に鉱石に含まれ，「白金族元素」と呼ばれる状態で回収されます（**表 1.3**）．

金と同じく，【⑥　　　　】変化しにくく安定で，王水（p.4 参照）など特殊な酸のみに溶けます．

貴金属である白金は宝飾品に用いられますが，その高い安定性から実は，【⑦　　　　】的利用の割合がそれ以上に多い金属です（**図 1.1**）．電極，るつぼ，度量衡原器（キログラム原器，メートル原器）のほか，触媒*として自動車の排ガス浄化にも利用されています．

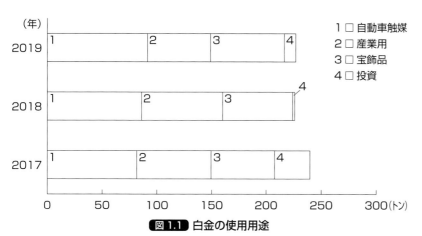

1 □ 自動車触媒
2 □ 産業用
3 □ 宝飾品
4 □ 投資

**図 1.1** 白金の使用用途

WORK ▶ それぞれの用途に好きな色を塗り，色分けしてみよう！

**表 1.3** 白金族の産出量と埋蔵量

| 順位 | 国名 | 産出量（トン） | | 白金族の埋蔵量(トン) |
|---|---|---|---|---|
| | | 白金 | パラジウム | |
| 1 | 南アフリカ | 94 | 58 | 63,000 |
| 2 | ロシア | 23 | 83 | 1,100 |
| 3 | ジンバブエ | 13 | 10 | 不明 |
| 4 | カナダ | 9 | 20 | 310 |
| 5 | 米国 | 4 | 12 | 900 |
| | 全世界 | 147 | 139 | 66,000 |

WORK ▶ 南アフリカが全体に占める割合を計算してみよう！

**Topic**

シスプラチン〔シス - ジアミンジクロロ白金（II），*cis*-[PtCl$_2$(NH$_3$)$_2$]〕は中心に白金がある抗がん剤である．

**＊触媒**

特定の化学反応の速度を速めるが，それ自身は反応の前後で変化しない物質．

**Topic**

金，銀，白金は，1g あたり約 4,500 円，約 60 円，約 3,200 円で，銅は 1 kg 約 700 円（2018 年平均価格）．プラチナチケットといわれるくらい量的に少ない白金よりも，やはり金のほうが高いようだ．銅はけた違いに安く利用しやすい金属である．

**Topic**

東京 2020 組織委員会主催の「都市鉱山からつくる！みんなのメダルプロジェクト」では，金・銀・銅あわせて約 5,000 個のメダルがスマートフォンなどから回収した都市鉱山から作られた．

表 1.1 ～ 1.3 は，アメリカ地質調査所「ミネラルコモディティサマリーズ 2016　世界の産出量と埋蔵量 2014 年」より．

# Quiz

鹿児島県の菱刈金山で採掘される金鉱石 1 トン（1,000 kg）から平均して何 g の金がとれる？

① 3 g　② 10 g　③ 30 g　④ 70 g

　　　　　　　→答えは章末に

# GALLERY

## ◉ 加工しやすい金

　金，銀，スズ，アルミニウムなどの金属は，加工しやすい性質をもっています．たたいて圧力を加えると展びる性質を【① 　　】性，引っ張ると延びる性質を【② 　　】性といいます．特に，金はこの性質が大きく，$0.05\,\mu m$ の厚さの金箔を作ったり，$1\,g$ で $3{,}000\,m$ の金糸を作ったりできます．

　通常の金箔の厚さは約 $0.1\,\mu m$ ですが，金閣寺ではその 5 倍の約 $0.5\,\mu m$ の厚さのものが使用されました．銀の場合は，$1\,g$ で $2{,}200\,m$ の銀糸ができます．

金箔

金糸

写真提供：寺島保太良商店

---

**COLUMN 1**　　　　　　　金を溶かす液体

　金は非常に安定した金属で，硫酸や塩酸などの強酸でも溶かすことができません．しかし，王水（塩酸 HCl：硝酸 $HNO_3$ ＝ 3：1，橙赤色の液体）で溶かすことが可能です．濃硝酸と濃塩酸を混合すると，以下の反応により，塩化ニトロシル（NOCl）と塩素（$Cl_2$）と水（$H_2O$）が発生します．

王水

$$HNO_3 + 3HCl \longrightarrow NOCl + Cl_2 + 2H_2O$$

　王水は金（Au）と反応して一酸化窒素（NO）を発生させながら塩化金酸イオン錯体（$H[AuCl_4]$）を作ります．最終的に，水分子 4 つをもつ $H[AuCl_4]\cdot 4H_2O$（塩化金酸）として溶液中に黄色く析出します．

$$Au + NOCl + Cl_2 + HCl \longrightarrow H[AuCl_4] + NO$$

　殺菌消毒剤であるヨードチンキ（ヨウ素をエタノールで溶かしたもの）も，金を $AuI_4^-$ として溶かすことが可能です．

　そのほか，酸素の存在下でシアン（CN）化物の水溶液に錯体を形成して溶解することもできます．この反応は，金鉱石から金を抽出するために応用されています．

ヨードチンキ

## ◉ 金・銀・銅メダルの成分組成

　4年に一度開催されるオリンピックでは，世界中のアスリートが最高のパフォーマンスを見せてくれます．彼らの汗と涙の結晶として授与される栄光の金メダルは，実は純金製ではありません．金メダルの主要成分は銀で，それに金【③　　　　　】を施して作成されます．

　世界オリンピック委員会は，メダルの材料について「1位，2位のメダルは銀製で，少なくとも純度1000分の【④　　　　　】であるもの．1位のメダルは少なくとも【⑤　　】グラムの純金で金張り」と，定めています．

　1912年のストックホルムオリンピックまでは，純金製の金メダルが使用されていましたが，それ以降，開催国への経済的配慮から，純金製金メダルは使用されていません．東京2020用のメダルは，金メダル，銀メダルともに銀の純度は925/1000ではなく，100 %純銀で作られました．

### 東京2020 オリンピックメダルの規格

| 大きさ | 直径85 mm |
|---|---|
| 厚さ | 最小部分：7.7 mm |
| | 最大部分：12.1 mm |
| 重さ | 金：約556 g |
| | 銀：約550 g |
| | 銅：約450 g |
| 原材料 | 金：純銀に6 g以上の金めっき |
| | 銀：純銀 |
| | 銅：丹銅（銅95：亜鉛5） |
| リボン取り付け部分 | メダル本体上部への埋め込み式 |

公式ホームページより

**東京2020 オリンピックのメダル**
写真提供：時事

---

**COLUMN 2**　　　　　　　　　　**貴族と銀食器**

　銀はその光沢の美しさもあり，古くから支配階級や富裕層に，皿などの食器類やフォークやスプーンとして用いられてきましたが，別の理由もありました．

　銀は，貴金属の中では比較的化学変化しやすく，空気中に硫黄（S）成分（自動車の排ガスや温泉地の硫化水素など）が含まれていると，表面に硫化銀（$Ag_2S$）が生成し黒ずんできます．硫黄化合物やヒ素化合物などの毒が混入された場合に，化学変化による変色でいち早く異変を察知できるのです．当時は，支配階級や王位継承者に対する毒殺が企てられることが多かったようです．

## テーマ2　貴金属はなぜさびにくいの？

**＊なぜイオンになるか**
原子の原子核の周りにある電子は，安定した状態（化学反応を起こしにくい状態）になる数が決まっている．その数より1個多ければ，その電子を1個放出し，1個少なければ電子を1個受け取って，安定した状態になろうとする．

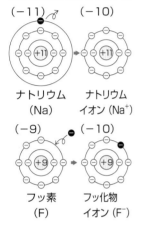

ナトリウム（Na）　ナトリウムイオン（Na⁺）
フッ素（F）　フッ化物イオン（F⁻）

ナトリウムと水の反応
https://www.youtube.com/watch?v=TtPUIVsIGu4

物質の最小単位は，原子という粒子です．原子の中心には，原子核があり，その周りにマイナスの電荷を帯びた【①　　　】があります（第12章参照）．

原子が，電子を放出したり受け取ったりして，電荷をもつようになったものがイオンです＊．プラスの電荷を帯びたものを陽イオン，マイナスの電荷を帯びたものを陰イオンといいます．

貴金属が化学変化しにくく，長くその美しい姿を保つ理由は，**図1.2**に示した【②　　　】傾向に関係があります．これは，イオンになりやすい順に元素を並べたものです．水素元素を中心に見てみると，貴金属である【③　　】【④　　】【⑤　　】はすべて水素よりイオン化傾向が小さいことがわかります．イオンになると，プラスやマイナスの電荷をもつため，ほかのイオンと引きあって化学結合しやすくなります．酸化物イオン（O²⁻）とくっつくと，【⑥　　　】し，さびてしまいます．イオンになりくいということは，空気中の酸素や酸性の溶液と反応しにいということです．

金が最もイオン化傾向が小さく最も安定で，その次に白金，銀と続きます．地球にある量が少なく，しかも，空気や水や酸などでさびにくい貴金属に高い価値があるのは，納得できるでしょう．

一方，リチウム，カリウム，ナトリウムなどの金属は，とてもイオンになりやすく，水に入れるとすぐに反応して，発火することがあるので，取り扱いには厳重な注意が必要です．

**図1.2** さまざまな金属のイオン化傾向
水素元素は金属ではないのでかっこ書きされている．
**WORK** ▶貴金属の名前を色で囲んでみよう！

## テーマ3 貴金属の性質が似ているのはなぜ？

下の**図 1.3** は，【①　　　　　　　】というものです．左上から原子番号*順に元素が並んでいます．1869 年にロシアの化学者ドミトリ・【②　　　　　　　】によって提案されました．元素が化学的・物理的性質によって整列しまとめられている，とても重要なものです．地球上にあるすべての物質は，この中のいずれかの元素からできています．

縦の列（【③　　】）には，性質の似た元素が並んでいます．右端の 18 族元素は【④　　　　　　】（noble gas）と呼ばれます．安定状態となる電子の数をもつため，化学反応しにくい元素です．

ほかにも，1 族の「アルカリ金属」，2 族の「アルカリ土類金族」，17 属の「ハロゲン」は似た性質をもつ元素です．これら同族元素は，安定した電子の数となるために不足する（余る）電子数（最外殻電子数）* が同じため，性質が似ています．

貴金属を見てみると，銅（Cu），銀（Ag），金（Au）は，表の中で下に向かって縦に並んでいる同族元素で，性質が似ています．

同じく，イオン化傾向が水素より小さい白金（Pt）は，【⑤　　】の左横に位置し，水銀（Hg）は右横です．

**＊原子番号**
原子核の中にある陽子の個数．電荷を帯びていない中性原子においては，原子中の電子の数に等しい．

**＊同族元素の最外殻電子数**
たとえば，リチウム Li とナトリウム Na の電子は下の図のようになっている．

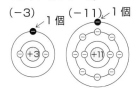

リチウム Li　ナトリウム Na

**Topic**
原子番号 113 のニホニウム（Nh）は，日本人研究者が発見し，命名権を得た．

■は非金属元素，それ以外は金属元素
□は固体，◇は液体，○は気体（25℃，1.013×10$^5$ Pa での単体）

遷移元素（これ以外は典型元素）

| 周期＼族 | 1 | 2 | 3 | 4 | 5 | 6 | 7 | 8 | 9 | 10 | 11 | 12 | 13 | 14 | 15 | 16 | 17 | 18 |
|---|---|---|---|---|---|---|---|---|---|---|---|---|---|---|---|---|---|---|
| 1 | 1H | | | | | | | | | | | | | | | | | 2He |
| 2 | 3Li | 4Be | | | | | | | | | | | 5B | 6C | 7N | 8O | 9F | 10Ne |
| 3 | 11Na | 12Mg | | | | | | | | | | | 13Al | 14Si | 15P | 16S | 17Cl | 18Ar |
| 4 | 19K | 20Ca | 21Sc | 22Ti | 23V | 24Cr | 25Mn | 26Fe | 27Co | 28Ni | 29Cu | 30Zn | 31Ga | 32Ge | 33As | 34Se | 35Br | 36Kr |
| 5 | 37Rb | 38Sr | 39Y | 40Zr | 41Nb | 42Mo | 43Tc | 44Ru | 45Rh | 46Pd | 47Ag | 48Cd | 49In | 50Sn | 51Sb | 52Te | 53I | 54Xe |
| 6 | 55Cs | 56Ba | 57～71 ランタノイド | 72Hf | 73Ta | 74W | 75Re | 76Os | 77Ir | 78Pt | 79Au | 80Hg | 81Tl | 82Pb | 83Bi | 84Po | 85At | 86Rn |
| 7 | 87Fr | 88Ra | 89～103 アクチノイド | 104Rf | 105Db | 106Sg | 107Bh | 108Hs | 109Mt | 110Ds | 111Rg | 112Cn | 113Nh | 114Fl | 115Mc | 116Lv | 117Ts | 118Og |
| | アルカリ金属 | アルカリ土類金属 | | | | | | | | | | | | | | | ハロゲン | 貴ガス |

| | | | | | | | | | | | | | | | |
|---|---|---|---|---|---|---|---|---|---|---|---|---|---|---|---|
| ランタノイド | 57La | 58Ce | 59Pr | 60Nd | 61Pm | 62Sm | 63Eu | 64Gd | 65Tb | 66Dy | 67Ho | 68Er | 69Tm | 70Yb | 71Lu |
| アクチノイド | 89Ac | 90Th | 91Pa | 92U | 93Np | 94Pu | 95Am | 96Cm | 97Bk | 98Cf | 99Es | 100Fm | 101Md | 102No | 103Lr |

**図 1.3** 元素周期表

**WORK ►** 周期表の中で，水素よりイオン化傾向が小さい金，銀，銅，白金，水銀に色を塗ってみよう！

# 1章で学んだこと

● 貴金属である金，銀，白金はすべて水素よりイオン化傾向が小さく，空気や水や酸などに対しとても安定である．

● 周期表は，元素の化学的・物理的性質によって整理され，縦の列（族）には性質の似た元素が並んでいる．銅（Cu），銀（Ag），金（Au）は同族元素である．

## 実用知識 貴金属の品位

　婚約指輪などをもらった際に指輪に記載してある数字は何を表しているでしょう？　それは貴金属の純度を表す「品位」です．その意味を説明します．

### ▶金の場合

　金の品位は「カラット（Karat）」「K」を用いて，24分率で表します．ややこしいですが，カラット（Karat）は，宝石の重量を表すカラット（Carat,1ct = 0.2 g）とは異なります．

　K24（24金）は，純度24分の24の純金（100 %）です．K22（22金）は，24分の22〔$\frac{22}{24}$ = 91.67%，ジュエリー用は1,000分率で表し916 ‰（‰：パーミル）とも記載される〕，K18（18金）は，24分の18（$\frac{18}{24}$ = 75 %，ジュエリー用750‰）です．

　純金K24は軟らかすぎるので合金にして強度を上げたものが多く利用されます．18金のイエローゴールドは，金75 %，銀12.5 %，銅12.5 %．ピンクゴールドは，金75 %，銀10 %，銅15 %．ホワイトゴールドは，金75 %，ニッケル系（ニッケル・銅・亜鉛）かパラジウム系（パラジウム・銅・亜鉛）25 %の組成です．

### ▶銀の場合

　銀の品位はパーミル（‰）で表します．

　Silver1000（SV1000）は，純度の1,000分の1,000の純銀です．Silver900（SV900）は，コイ

ンシルバーと呼ばれ各国の銀貨で使用されていました．銀が90 %，銅などほかの金属が10 %使用されています．Silver925（SV925）はスターリングシルバー（品位記号 Sterling）といわれ，イギリス銀貨の品位です．硬度や耐久性に優れた配合で，92.5 %の銀と7.5 %の銅などほかの金属が使用されます．

　ジュエリー用の配合として，ピンクシルバーは，銀500 ‰，銅500 ‰です．

### ▶白金の場合

　白金の品位もパーミル（‰）で表します．

　Pt950は，純度の1,000分の950の白金に，5 %のパラジウムやルテニウムを混合しています．ティファニーやカルティエなどの高級ブランドの結婚指輪はこれです．柔らかく傷つきやすい点が難点です．

　Pt900は，日本の結婚指輪に多く使われています．

　Pt1000は，100 %ではなく99.95 %が限界で，強度が弱く，黒みがかった白色になります．ジュエリーには使われません．

# 第 2 章

# 香料，化粧品の化学

## Quiz

香りの成分は，炭素をもった化合物です．では，その分子の多くは炭素の数をいくつくらいもつでしょうか？

① 3〜5個　② 10〜20個　③ 25〜30個　④ 30〜45個　　　　→答えは章末に

良い香りといっても，いろいろあるよね？

もちろん，目で見てもわからないけど，何が違うのかな？

　自然界にある花や香辛料には，とても良い香りのするものがあります．これらの香りを利用した日用品として，食品香料，精油（エッセンシャルオイル）などがあります．また，体を清潔にし，容姿を美しくするための化粧品が各種あります．

　本章では，そうした香りの成分や香料の中身，さらには化粧品の内容とその役割について学んでいきます．

9

| テーマ 1 | 香りはどのように感じるの？ |

## ■ 香りを感じるしくみ

　多くの動物が香りにとても敏感なように，私たち人間も敏感に反応することができます．

　香り成分（分子）の多くは，分子量*が【① 　　　】以下の電子顕微鏡でさえ見えない，とても小さな分子です．分子が小さいとその成分は軽く，気体になりやすい特徴をもちます．そのため，香り成分の多くは気体で存在します．

　気体となった成分は，私たちの鼻の中にある【② 　　　　　　　】で捉えられると，その信号が嗅神経を介して脳内の嗅覚中枢に到達することで香りを感じます（**図 2.1**）．私たちのこのセンサーはとても精度がよく，わずかな量でも検知することができます．

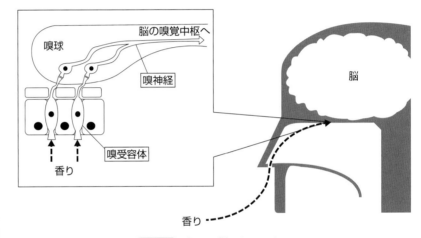

**図 2.1** 香りを感知するしくみ

WORK ►香りの伝わる経路を色で塗ってみよう！

## ■ 身近な香りの分子

　多くの香り成分を化学的に見た場合，【③ 　　　】系化合物や【④ 　　　　　】系化合物に分類されます．

　エステル系化合物は酸（カルボン酸）とアルコール類が，分子内もしくは分子間で，水分子を脱離する反応（脱水反応）によって生成された物質です*．

　テルペノイド系化合物は，植物が作る【⑤ 　　　　】という，炭素【⑥ 　】個を基本単位とする化合物が，2 〜 4 個つながった香料成分です（**図 2.2**）．

---

**＊分子量**

基準として定めた重さと比べて，軽いか重いかで示すことを相対質量という．相対質量で分子の重さを示したものを分子量という．分子量は構成元素の原子量を足すと求められる．分子量が 300 以下の場合は，電子顕微鏡ですら見えないほど小さい．

**＊エステル系化合物**

例えば，酢酸とエタノールが脱水縮合すると，エステルである酢酸エチルが生成される．酢酸エチルは，リンゴの香りの一成分である．

（酸）　　（アルコール）

酢酸　　エタノール

$$CH_3-C-OH \quad HO-C_2H_5$$
$$\|$$
$$O$$

脱水縮合

$$CH_3-C-OH + HO-C_2H_5$$
$$\|$$
$$O$$

↓

酢酸エチル

$$CH_3-C-O-C_2H_5$$
$$\|$$
$$O$$

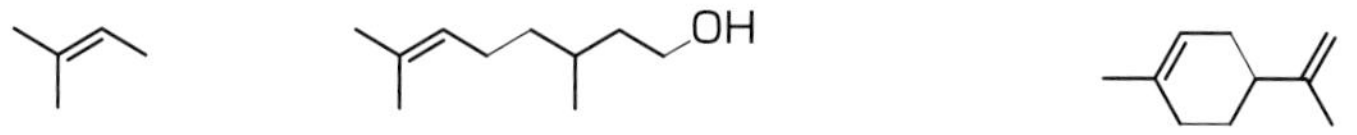

| イソプレン<br>基本単位 | シトロネロール<br>炭素 10 個，イソプレン 2 個分<br>（バラの香り） | リモネン<br>炭素数 10，イソプレン 2 個分<br>（柑橘類の香り） |
|---|---|---|

**図2.2** テルペノイド系化合物の例

　バラの主要な香り成分のシトロネロール，レモンなど柑橘系の香りの主成分【⑦　　　　　　】，ペパーミントの主要成分で，スーッとしたさわやかな香りがする【⑧　　　　　　】も，炭素を 10 個（イソプレン骨格を 2 個）含む香料です（**表2.1**）．

## ■ 代表的な香り成分

　代表的な香り成分分子の化学構造式と名称を**表2.1**に示します．この表に記載された成分以外にも，さまざまな成分が混ざりあうことで，それぞれの香りに特徴が生まれます．

　たとえば，グレープフルーツの主な香り成分であるヌートカトンや，ペパーミントの香り成分のメントールでは，骨格についているメチル基などの置換基の向き*が，手前側か奥側かの違いだけでまったく違う香りに感じます．バニラフレーバーの主成分であるバニリンは，とても甘い香りがしますが，ヒドロキシ基（－OH）とメトキシ基（－OCH₃）の結合の位置が逆になったイソバニリンは，ほぼ無臭です．私たち人間も，このように小さな分子の差異をしっかりとかぎ分ける，敏感な香りセンサーをもっています．

　一方，ジャコウジカから得られるムスコンは入手が困難なため，ムスコンと類似の香り成分が合成されています*（**表2.1**）．

*置換基の位置
3 次元で立体的な化合物の特徴を示すために，「くさび」を使って置換基の位置を表現する（**表2.1**）．黒く塗りつぶされたくさびは，紙面の手前に位置し，細三角で破線のくさびは，紙面の奥側に位置する（p.83 参照）．

*ムスクケトンとムスコン
合成のムスクケトンは，ムスコンとまったく異なった分子構造をしているが，似た香りがすることから代用品として利用されている．

**表2.1** 香りの構造式

| | グレープフルーツ | ペパーミント | バニラ | じゃ香（ムスク） |
|---|---|---|---|---|
| 本来の香り成分 | 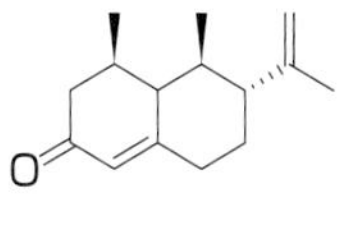 <br>d-(+)-ヌートカトン | 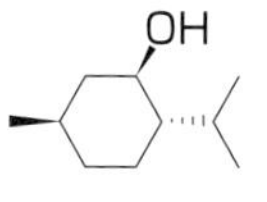 <br>l-メントール | 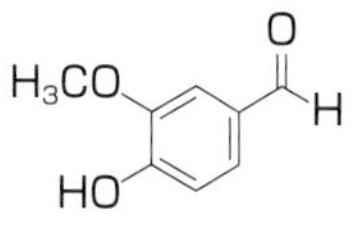 <br>バニリン | 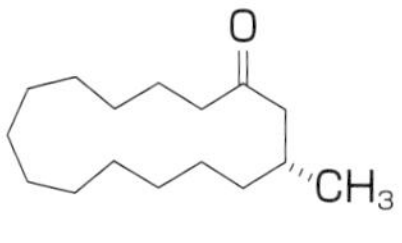 <br>ムスコン |
| 香りが異なる化合物 | 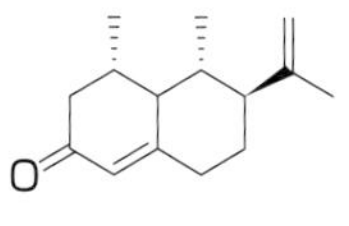 <br>l-(−)-ヌートカトン | 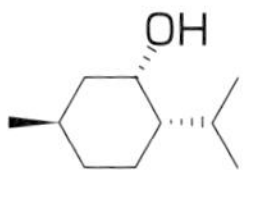 <br>d-イソメントール | 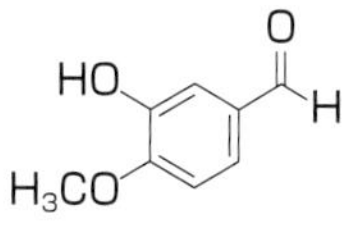 <br>イソバニリン | 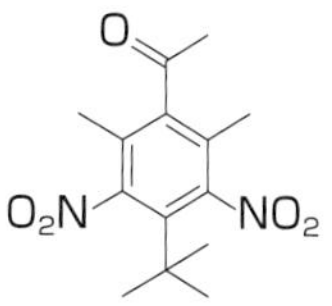 <br>ムスクケトン |
| 本来の香りとの違い | 非常に弱いにおい | かびのようなにおい | 無臭 | ムスクと類似のにおい |

**WORK** ▶ 構造式の上下で構造の異なる部分を丸で囲んでみよう！

# GALLERY

## ◉ 花と食品の香り成分

花や食品とそれらに含まれる主な香り成分を線で結びましょう.

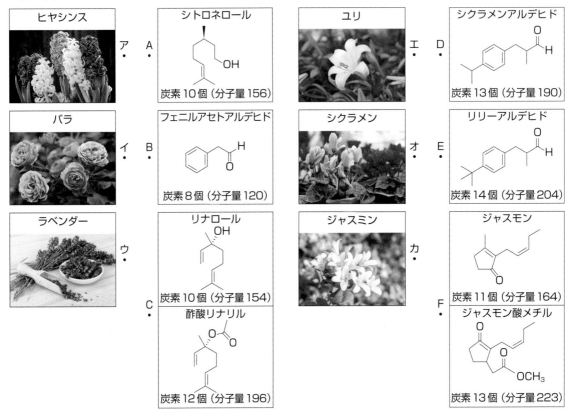

## COLUMN 1　フレグランスとフレーバーの違い

　化粧品や芳香剤で使用される香料は，フレグランスといいます．その多くは，柑橘系（シトラス系）と花由来（フローラル系）の香りを調香し，さまざまな香りに合成されたものです．フレグランスとして香料が使われる主な製品は，化粧品や医薬部外品，トイレタリー製品，台所用品，ハウスホールド製品，香水，オードトワレなどです.

　フレーバーとは，食品を口にしたときの風味や香りで，加工食品に使用する食品香料を指します．フレーバーの役割は，①食品そのものや加工段階で生じた不快なにおいを抑えるマスキング（風味矯正），②本来の香りが弱い食品の強化（着香），③加工や流通過程で食品素材の香りが消失して弱くなる食材に本来の香りを補う補香（賦香）の3つです.

off offoff

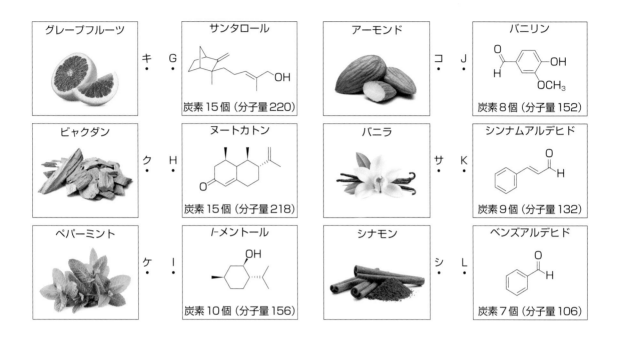

グレープフルーツ キ・ ・G サンタロール 炭素15個（分子量220）

アーモンド コ・ ・J バニリン 炭素8個（分子量152）

ビャクダン ク・ ・H ヌートカトン 炭素15個（分子量218）

バニラ サ・ ・K シンナムアルデヒド 炭素9個（分子量132）

ペパーミント ケ・ ・I l-メントール 炭素10個（分子量156）

シナモン シ・ ・L ベンズアルデヒド 炭素7個（分子量106）

## COLUMN 2　世界最高のコーヒー豆

　ジャコウネコの尾の近くから掻き出した分泌物を薄めると，ジャスミンのような香りになります．この香料はシベット（霊猫香）と呼ばれる動物香料の代表です．その香気成分は，ジャコウジカから採れるムスクに化学構造が似た環状ケトンのシベトンといいます．

　ジャコウネコにコーヒーの果肉を食べさせ，ネコが消化せず排泄したコーヒー豆を集め，よく洗浄したコーヒー豆から作ったコーヒーを，シベットコーヒー（civet coffee，ジャコウネココーヒー，インドネシア語からコピ・ルアクとも）といいます．ジャコウネコの腸内の消化酵素や香気成分による香味をもつ製品で，希少価値が高く，高級コーヒー豆として販売されています．1995年にイグノーベル賞が授与され，いちだんと有名になりました．近年，インドネシアなどの空港の免税店で多く見かけますが，動物愛護の観点からどれほどの供給量が妥当か考えさせられます．

ジャコウネコ

シベトン（$C_{17}H_{30}O$）
分子量：250.4195

（a）
香粧品香料 11.1%
天然香料 1.0%
食品香料 72.0%
合成香料 16.0%

（b）
香粧品香料 6.1%
天然香料 8.2%
食品香料 2.3%
合成香料 83.4%

（c）
香粧品香料 9.2%
天然香料 0.3%
食品香料 10.5%
合成香料 79.9%

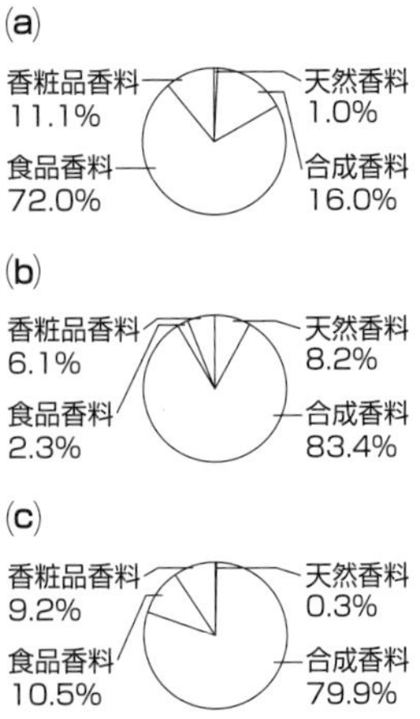

**図2.4**
香料の国内生産量(a)，輸入量(b)，輸出量(c)
2019（令和元）年

WORK ▶最も割合の多い香料に色を付けよう！

合成香料
・化学反応を利用して製造
・多種類

天然香料
動物香料
・じゃ香など数種
・分泌腺など特定器官から採取

植物香料
・3,000種以上
・植物の花，幹，果実，樹液などから抽出

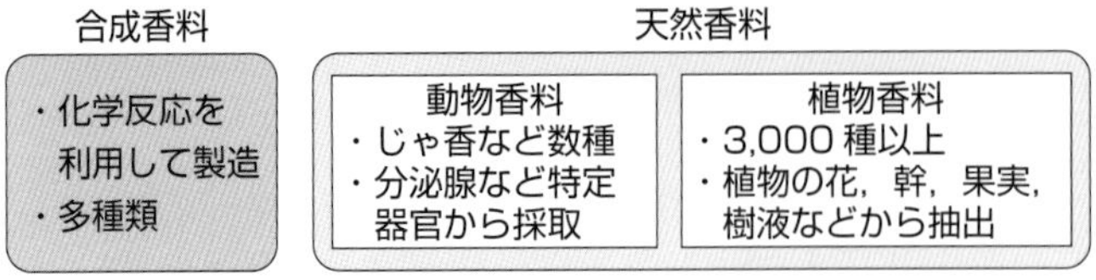

**図2.3**
香料の種類

　香料は，大きく分類すると【①　　　】香料と【②　　　】香料に分けられます．天然香料は【③　　　】由来と【④　　　】由来の香り成分を指します（**図2.3**）．

　動物由来の香料は，ムスク（じゃ香），シベット（霊猫香（れいびょうこう）），アンバグリス（竜涎香（りゅうぜんこう）），カストリウム（海狸香（かいりこう））などがあります．これらは，生産に限界があり，動物愛護の問題や【⑤　　　　　　　】条約（日本は1980年締結）による商取引の規制から，入手困難な香料です．そのため化学合成によって類似の香り成分が作られています．

　植物香料は，植物の花，幹，果実，樹液などから得られる精油成分が主体です．これらはテルペノイド系化合物を主成分とする，揮発性をもつ低分子の精油成分で，エッセンシャルオイルとも呼びます．

　合成香料は石油・石炭化学工業などから入手した化合物が原料です．安価で【⑥　　　】生産が可能なので，3,000種以上あります．

　香料の利用目的は，**表2.2**のように分類することができます．

　香料の国内生産量は，【⑦　　　】香料が圧倒的に多く生産されています（**図2.4a**）．輸入および輸出で見てみると，【⑧　　　】香料が数量，金額ともに最も多く取り引きされています（**図2.4b, c**）．

**表2.2** 香料の主な利用や用途

| | 目的 | 商品例 |
|---|---|---|
| 香粧品用 | 香水や化粧品 | 芳香化粧品：香水，オーデコロン<br>基礎化粧品：化粧水，乳液，洗顔料，クリーム<br>仕上げ化粧品：口紅，頬紅，マニキュア<br>毛髪化粧品：シャンプー，リンス，トリートメント |
| 食品用 | 食品への香り付け | 食品用フレーバー（フルーツ，バニラ，チョコレート，香辛料，ミート，かに） |
| 芳香剤用 | | 室内用，車内用，お香 |
| 家庭用 | | 洗濯洗剤，柔軟剤，食器用洗剤，石けん，トイレ消臭剤 |
| 工業用 | | 樹脂，塗料 |
| 保安用 | ガス爆発などの事故を回避 | 着臭剤（都市ガス，プロパンガス） |
| 生物用 | 動物の食をそそるための香料 | 飼料用，害虫向け（誘引剤，忌避剤） |

## テーマ3　法律から見た化粧品とは？

化粧品は，私たちの外見をよく見せ，肌や髪を【① 　　　　】に保ってくれる商品です．化粧品は，全身に使うことを目的として，【② 　　　　】ごとに大別されます．法律は，化粧品について定義することで，肌や体に異常をきたすような取り返しのつかない健康被害から消費者を守っています．薬機法*には，化粧品の定義が以下のように記載されています．

＊薬機法
正式名は，「医薬品，医療機器等の品質，有効性及び安全性の確保等に関する法律」．平成 25 年 11 月旧薬事法から改正された．化粧品関連の法律で最も重要な法律．

　人の【③ 　　　　】を清潔にし，美化し，魅力を増し，容貌を変え，又は【④ 　　　　】若しくは毛髪をすこやかに保つために，身体に塗擦，散布その他これらに類似する方法で使用されることが目的とされている物で，人体に対する作用が緩和なものをいう．（第2条，第3項より）

通常のシャンプーや全身洗浄料，浴用石けんも化粧品に含まれます．ただし，予防効果を謳うなどいわゆる薬用化粧品，美白剤などは，化粧品ではなく【⑤ 　　　　】品に分類されています（表2.3）．

### 表2.3 化粧品の分類

| 対象 | 種別 | 化粧品 / 医薬部外品 | 商品群 |
|---|---|---|---|
| スキンケア化粧品 | 洗浄用化粧品 | 化粧品 | 洗顔料，メイク落とし |
| | 整肌用化粧品 | 化粧品 / 医薬部外品 | 化粧水，美容液，パック |
| | 保護用化粧品 | 化粧品 / 医薬部外品 | 保護用乳液，保護用クリーム |
| | 美白化粧品 | 医薬部外品 | 美白剤 |
| | 紫外線防止化粧品 | 化粧品 / 医薬部外品 | 日焼け止め用化粧品 |
| | 髭剃り用化粧品 | 化粧品 / 医薬部外品 | シェービングクリーム，アフターシェービングローション |
| メークアップ化粧品 | ベースメイクアップ化粧品 | 化粧品 | ファンデーション，白粉（おしろい），化粧下地 |
| | ポイントメイクアップ化粧品 | 化粧品 | 口紅，アイメイクアップ（アイシャドウ，マスカラ，まゆ墨），頬紅，ネイルエナメル，除光液 |
| ヘアケア化粧品 | 洗髪用化粧品 | 医薬部外品 | シャンプー，リンス，ヘアトリートメント |
| | 整髪剤 | 医薬部外品 | ヘアトニック，ヘアリキッド，ポマード，パーマネント・ウェーブ剤，染毛剤，脱色剤 |
| | 育毛剤 | 医薬部外品 | 養毛剤 |
| ボディケア化粧品 | 身体洗浄用化粧品 | 医薬部外品 | 浴用石けん，ボディーシャンプー，ハンドソープ |
| | デオドラント化粧品 | 医薬部外品 | 腋臭防止剤，制汗物質，消臭剤，抗菌剤 |
| | 浴用剤 | 医薬部外品 | バスオイル，バスソルト（粉末・顆粒），バブルバス（粉末・液状顆粒，固形ジェル） |
| 歯磨き剤 | | 医薬部外品 | 歯磨き剤，洗口液 |
| フレグランス化粧品 | 香水，オーデコロン | 化粧品 | |

## 2章で学んだこと

● 多くの香り成分はエステル系化合物やテルペノイド系化合物である.
● 主な香り分子は，気体である．その多くは，テルペノイド系化合物など分子内の炭素の数が 20 個程度までのものである.

## 実用知識 化粧品の消費期限と注意すべき取り扱い

化粧品に使われている成分をよく理解すると，その成分の安定性から消費期限が予測できます．化粧品の成分として最も多く使われているのは油です．油は，空気中の酸素や紫外線，熱などによって酸化することで劣化します．酸化した油には過酸化物などが含まれ，肌によくありません．そのため，化粧品の消費期限は未開封なら 3 年程度，開封し使用を始めたら半年から 1 年くらいと考えたらいいでしょう．

劣化を防ぐために，化粧品の容器は，密閉性が高く光を通さない工夫がされています．ほかにも雑菌やカビの発生を抑える防腐剤，酸化の進行を遅らせる酸化防止剤を含む製品もあります．

化粧品の酸化が進んでしまった場合のサインは，①変色，②異臭，③分離の 3 つです．これらが見られた場合は，使用を避けるようにしましょう．長持ちさせるための保管方法や，使用する際の注意事項として，

1. ふたをしっかり締める．
2. 高温や直射日光の当たる場所に置かない．
3. 雑菌の混入を防ぐために，できる限り直接肌や手で瓶の口などに触れない．触れる場合は，肌や手をきれいにしてから利用する．
4. ブラシやパフは雑菌が繁殖しやすいので，ときどき洗うなど，清潔にすることを意識する．

などがあげられます．これらのことに注意して，化粧品を酸化や雑菌から守り，使用するのがよいでしょう．

---

**問題の解答**
p.9 クイズ ②炭素を 10 〜 20 個もつ低分子化合物であり，気化して鼻に達することで香りを認知する.
テーマ 1 ①300 ②嗅受容体 ③エステル ④テルペノイド ⑤イソプレン ⑥5 ⑦リモネン ⑧メントール
ギャラリー アと B，イと A，ウと C，エと E，オと D，カと F，キと H，クと G，ケと I，コと L，サと J，シと K
テーマ 2 ①天然 ②合成 ③動物 ④植物 ⑤ワシントン ⑥大量 ⑦食品 ⑧合成
テーマ 3 ①健康 ②部位 ③身体 ④皮膚 ⑤医薬部外

飾る

# 第3章

# 繊維，衣類の化学

## *Quiz*

絹（シルク）は，次のどれから作られているでしょうか？
① 羊の毛　② 麻の茎　③ 蚕のまゆ　④ 石油（ナフサ）

→答えは章末に

いろんな繊維が
あるけれど，ど
んな違いがある
のかな？

衣料品が石油から
作られているって
本当なの？

　繊維には，天然繊維と化学繊維があります．天然繊維は，植物，動物，鉱物などを加工して作られる繊維です．化学繊維は，主に石油を原料にし，化学反応によって作られる繊維です．

　本章では，衣類で使われているさまざまな繊維の特徴や性質，生産量，洗濯表示マークや組成繊維表示などを知ったうえで，上手な利用方法や維持管理方法などについて学んでいきます．

| テーマ1 | 繊維にはどんなものがあるの？ |
| --- | --- |

## ■ 繊維の種類と生産量

**表3.1** 繊維の種類

| 【①　　　】繊維 | 植物繊維 | 綿，麻，その他 |
| --- | --- | --- |
| | 動物繊維 | 羊毛，獣毛，絹，羽毛 |
| | 鉱物繊維 | 石綿（アスベスト） |
| 【②　　　】繊維 | 再生繊維 | レーヨン，キュプラ，リヨセル |
| | 半合成繊維 | アセテート，トリアセテート |
| | 合成繊維 | ナイロン，ポリエステル，アクリル，ビニロン，その他 |
| | 無機繊維 | ガラス繊維，炭素繊維，金属繊維，その他 |

**WORK ▶** 天然繊維と化学繊維を色分けしよう！

繊維には，**表3.1** のようなものがあります．

**図3.1** より，世界の繊維生産量は，【③　　　　　　　】が全体の58％を占め，最も多いことがわかります．続いて【④　　　　　　】が27％を占めます．化学繊維は，年々増産傾向にありますが，天然繊維は原料をすぐに増やせないので，例年同程度の生産量を維持しています．

合成繊維であるポリエステル，【⑤　　　　　　　】，【⑥　　　　　　　】は，「3大化学繊維」と呼ばれ，世界の繊維生産量の約【⑦　　　　】％を占めます．

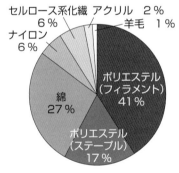

**図3.1** 世界の主要繊維生産量（2017年）
「内外化学繊維生産動向2017年」（日本化学繊維協会編）をもとに作成．

**WORK ▶** 今着ている服の組成繊維表示を見て，化学繊維の割合を，左のグラフと比べてみよう！

## ■ セルロース系繊維

植物は細胞壁がセルロース\*でできています．そのため，それを原料とする綿や麻など，ほとんどの植物繊維は，セルロース系の繊維です．

化学繊維にもセルロース系繊維があります．レーヨンやキュプラは，木材パルプや綿などを化学薬品で溶かし，植物の主成分であるセルロースを取り出して繊維に再生することから，【⑧　　　　　】繊維と呼ばれます．また，アセテート，トリアセテートなどは，木材パルプに酢酸などを反応させた繊維で，【⑨　　　　　】繊維と呼ばれます．

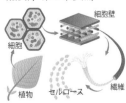

# テーマ2　石油からどうやって繊維を作るの？

【① 　　　　】から抽出したナフサ*を原料にして，何段階かの【② 　　　　】反応を経て作られる繊維が合成繊維です（第15章参照）．そのうち主な2つを紹介します．

## ■ ポリエステル

ポリエステルは，石油の成分であるナフサから作られるエチレンやキシレン*を原料として，いくつかの化学反応を通して生産されます．

ポリエチレンの一種である【③ 　　　　　　　　　　　】（PET）は，飲料の容器によく使われる【④ 　　　　　　】の素材です（図3.2）．ペットボトルは，再度ポリエステルとしてフリースなどの衣料製品にリサイクル（再利用）できます．このように，化学繊維には，別の製品にリサイクルできるものがあります．石油などの化石資源は限りがありますので，リサイクルして持続可能な社会を実現することは，私たち自身，そして子孫のために重要です（第15章参照）．

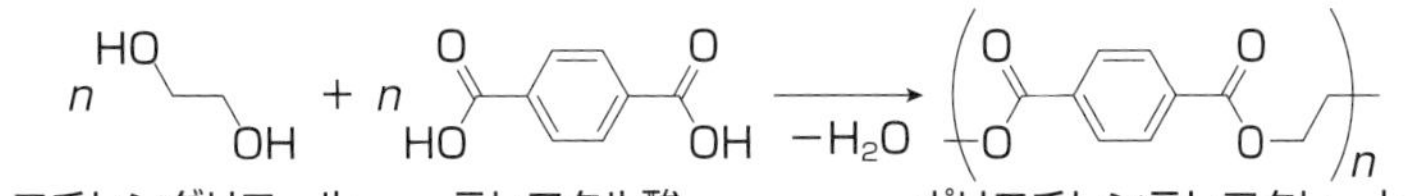

エチレングリコール　テレフタル酸　　　　ポリエチレンテレフタレート

**図3.2**　ポリエチレンテレフタレート（**P**oly**E**thylene **T**erephthalate：**PET**）合成の化学反応式
WORK ▶ベンゼン環に色を塗ってみよう！

## ■ ナイロン

ナイロン6,6は，世界初の合成繊維です．ナイロンは，ポリエステルと同様に，石油から取り出した原料から作られます．1935年，アメリカのデュポン社が開発し，その3年後（1938年）に商品化されました．ナイロン6は1941年，日本の東洋レーヨン（現・東レ）が開発し，1951年に商品化しています．

ナイロンには，天然の絹と同じ【⑤ 　　　　】結合（CONH）が含まれるため，絹のような感触と光沢をもちます（図3.3）．

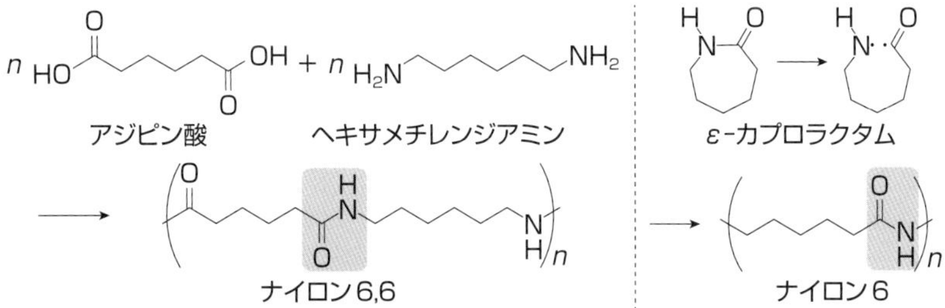

アジピン酸　　　ヘキサメチレンジアミン　　　ε-カプロラクタム

ナイロン6,6　　　　　　　　　　　　　　ナイロン6

**図3.3**　**ナイロン6.6とナイロン6**
グレーの部分がアミド結合.

**＊ナフサ**
原油を蒸留して得られる，ガソリンに似た油．ナフサは，プラスチックなど石油化学製品の原料となる．

■■■■　Topic　■■■■
ポリエステルは，分子中に親水基（−OH，NH₂，−COOHなど）を含まないため，洗濯してもシワになりにくく，乾きが早い．

**＊エチレンとキシレン**

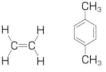

エチレン　　　p-キシレン
　　　　　　（1,4-ジメチルベンゼン）
p-キシレンからテレフタル酸が作られる．

■■■■　Topic　■■■■
ポリエステルやナイロンなどは，モノマーという単位がたくさんつながったポリマーで，図3.2，3.3のかっこで囲まれた部分がモノマーである．なお，ナイロン6,6の，6,6はモノマー中にアジピン酸とヘキサメチレンジアミン由来の炭素がそれぞれ6個ずつあることを表す．ナイロン6のモノマーには，炭素が6個含まれている．

# GALLERY

## ◉ 主な繊維の特徴と用途

| | 天然繊維 | | | | 化学繊維 |
|---|---|---|---|---|---|
| | 植物繊維 | | 動物繊維 | | 再生繊維 |
| 繊維 | 【①　　　】 | 【②　　　】 | 【④　　　】（シルク） | 【⑥　　　】（ウール） | 【⑨　　　】 |
| 特徴 | 肌触りがよく吸水性に富み，熱に強くて丈夫．染色性や発色性に優れる | 通気性が良く，吸湿性や水分の発散性に優れているため，清涼感がある．水に濡れると強くなる | 美しい【⑤　　　】がある．ドレープ性*が特徴．肌触りや風合が良い．保温性，保湿性，発散性に優れている | 繊維が平均して細く，規則正しい縮れ（クリンプ）が多くある．保温性，伸縮性・弾力性がある．撥水性，吸湿性がある．シワや型崩れが少ない | 吸湿性，吸水性，染色性が良い．光沢があり着心地が優れている．ドレープ性*がある |
| 欠点 | 縮みやすく，シワになりやすい．長時間日光にあたると黄変しやすい | シワになりやすく，摩擦で毛羽立ちやすい．保湿性に乏しい | シミになりやすい．水に濡れると縮みやすい．色落ちしやすい．酸やアルカリ，熱に弱い．害虫被害を受けやすい | 【⑦　　　】がつきやすい．毛玉ができやすく，縮みやすい．フェルト状になる | 水に濡れると強度が低下する．洗濯で縮みやすい．シワになりやすい．摩擦に弱い．水ジミができやすい |
| 用途 | 下着・Tシャツ，タオル，ハンカチ，浴衣 | 【③　　　】物衣料，麻袋，ハンカチ | ブラウス，スカーフ，ネクタイ，和服 | 【⑧　　　】物衣類，セーター，毛布，ラグマット | 裏地，下着，カーテン，婦人服 |

＊ドレープ性：生地を置いたときに，美しく波打つひだを描く性質．優美に見せるためにデザインに取り入れることがある．

---

**COLUMN 1**　　　　　　　　**炭素繊維**

　炭素繊維は，軽くて強い繊維です．主に釣竿，テニスのラケット，ヨットやスノーボードなどに使われています．

　産業用途としては，風力発電の羽根（ブレード），航空・宇宙の分野で採用されています．自動車や飛行機など輸送用機器は，輸送時に軽ければ軽いほど燃費が良くなり経済的ですが，自動車の場合，安全性の確保のため現在約50％の鉄が使用されています．炭素繊維は鉄の重さの約4分の1と軽く，強度は約10倍もあります．さらに，鉄のようにさびず，熱にも安定であり，理想的な素材ですが，価格がまだ鉄と比べ非常に高価です．旅客機のボーイング787の機体は，その約50％が炭素繊維強化プラスチック（CFRP, Carbon finder reinforced plastic）によって作られています．

　炭素繊維の世界シェアの50％以上を日本の3社が占めます．日本が世界に高く誇る技術分野のひとつです．コスト面が解決されれば，今後さらに広く利用されていく次世代の繊維です．

ボーイング787

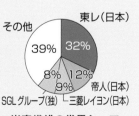

その他 39%　東レ（日本）32%　帝人（日本）12%　三菱レイヨン（日本）9%　SGLグループ（独）8%

**炭素繊維の世界シェア**

| 化学繊維 | | | | | |
|---|---|---|---|---|---|
| 再生繊維 | 半合成繊維 | 合成繊維 | | | |
| 【⑩　　　】 | 【⑪　　　】 | 【⑬　　　】 | 【⑭　　　】 | 【⑮　　　】 | 【⑰　　　】 |
| プリーツ加工しやすい．絹のような光沢があるが安価．強度もあり縮みにくい | 吸湿性がよく，裏地に使用しても【⑫　　　】が発生しにくい．繊維の断面が円形なので滑りが良く，光沢がある．撥水性がある | シワになりにくい．型崩れしにくい．非常に強くて丈夫．乾きが早い．全繊維の中で生産量が最も多い | 非常に弾力に富み，シワになりにくい．薬品・カビ・害虫に強い．3大合成繊維のひとつ | かさ高で弾力性があり，軽い．シワになりにくい．発色がよい．羊毛に近い風合いで安価．カビ・害虫に強い．3大合成繊維のひとつ | 伸縮性が大きく，強くて丈夫．ゴムよりはるかに強く，老化しにくく，細くて軽い糸ができる |
| 摩擦により毛羽立ちやすい | 強度がなく，伸張や摩擦に弱いので傷みやすい．シワになりやすい．アルカリに弱い | 吸湿性が少ない．熱に弱い．静電気が起きやすい．汚れが落ちにくい | 吸湿性が少ない．静電気を発生しやすい．日光やガスにより黄変する．熱に弱い | 吸水性，吸湿性が少ない．高温に弱い．静電気が起こりやすく，汚れやすい（ホコリをひきよせる） | 摩擦に弱い．風合が変化しやすい．紫外線で黄変することがある．塩素や光，微生物に弱い |
| 裏地，ブラウス，スカーフ，ふろしき | 裏地，レインコート，傘，婦人フォーマルウェア，カーテン，タバコのフィルタ | ブラウス，スカート，ワイシャツ，フリース，靴下，傘，学生服，カーテン | ストッキング，水着，バッグ，傘，台所の二層スポンジの固い部分 | 【⑯　　　】物衣料，セーター，ふとん綿，毛布，カーペット | 【⑱　　　】皮革，水着，サポーター，ストレッチ素材，スポンジ |

## COLUMN 2　「空気の層」を着て暖かくする

　皮膚の温度は約32℃です．冬のように外気が0℃にもなると，とても寒く感じます．

　空気は熱伝導性が低いため，空気の層を上手に作ると外気に熱が奪われるのを避けることができます．羽毛布団やダウンジャケットなどが暖かいのは，羽毛がしっかりと空気を含んでいるからです．空気を上手に着こなせば，体温を逃さず寒い冬を乗り切れます．そのためには，以下のように重ね着をすることがポイントです．

◆**1枚目（ベース）**：肌着は，肌ざわりがよいだけでなく，体熱をしっかりと保温してくれるように肌に密着するもの，汗を吸って湿気を逃してくれるものがおすすめです．なお，体温は血液が循環して維持されるので，血流に影響がない程度の伸縮性があるものがよいでしょう．

◆**2〜3枚目（ミドル）**：ここで暖かい空気の層を作ります．肌着との間にすき間ができるようなニット，ウール，フリースや，裏起毛がある素材を選び，体温をしっかりとキープします．

◆**アウター**：ジャケットやジャンパーは，ミドルでできた空気の層をしっかりくるんで熱を外に逃がさないようにします．一番外側ですので防水，防風の機能も重要です．

　そのほか，暖まった空気を外に逃さないように「3つの首」（首，手首，足首）を覆うマフラー，手袋，長めの靴下やブーツなどの利用も有効です．

| テーマ3 | 洗濯表示マークの見方を知ってる？ |

**図3.4** 衣類についているタグの例

WORK ▶タグに記載の内容を考えてみよう！

　繊維は素材によって，熱に強いものや弱いもの，水洗いで縮むものなど，性質が異なります．衣料メーカーは，衣類の内側に，使用されている繊維素材を記した組成繊維表示（**図3.4左**）と，洗濯やアイロンの際の注意事項を記した【①　　　　　　】マーク（**図3.4右**）のタグを付けています．

## ■ 洗濯表示マーク＊のしくみ

　家庭用の【②　　　　　　】で洗えるものとドライクリーニングに出したほうがいいもの，【③　　　　　　】を使えるものとダメなもの，【④　　　　　】や洗濯水の温度，洗濯機の回転強度などが，子どもや外国の方にもわかるように，日本語の文字を使用せず記号や数字でわかりやすく表現されています（**図3.5**）．

　慣れれば簡単に理解できますので，せっかく買ったお気に入りの服が，洗濯で色あせたり，縮んで着られなくなったりすることがないように，表示マークをよく見て最適な洗濯方法やアイロンの使用方法を選びましょう．

**図3.5** 洗濯表示マークの見方

## テーマ4　夏や冬でも快適な衣類ってあるの？

近年，企業のたゆまぬ研究開発により，さまざまな機能を発揮する
【① 　　　　　　　　】を利用した衣類が普及しています．

### ■ 夏用の機能性繊維素材

東レの「TOREX フィールドセンサー®」という繊維は，汗をすばや
く吸収して乾かすことで，衣服の中を快適な状態に保ちます．そのしく
みは次のようなものです．

1層：生地の肌面を凹凸構造にすることで，肌への接触面積が少なくな
　　　り，汗でぬれた衣類が肌に張り付く不快感を減らす．
2層：太さの異なる糸を組みあわせ，生地を多層構造にすることで，吸収
　　　された汗が，肌から生地の表面へすばやく移動する（毛細管現象*）．
3層：その結果，表面の層から汗が一気に拡散する（図3.6）．

吸水性と拡散性の比較実験
東レウェブサイトより
https://www.uniform.toray/
products/sweat_absorbent/#/

＊毛細管現象
繊維と繊維の「すきま」のよ
うな細い空間を，重力や上下
左右に関係なく液体が浸透し
ていく現象．

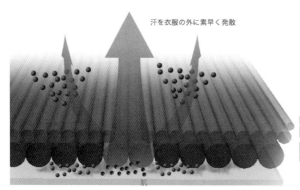

3層：拡散・蒸発層（表面）
2層：導水層
1層：吸水層（肌面）

**図3.6**「TOREX フィールドセン
サー®」の吸水・速乾のしくみ
東レウェブサイトより許可を得て転載．

超極細のポリエステルで涼感素材も開発されています．帝人の「ナノ
フロント®」は，直径が700ナノメートルで，断面積は髪の毛の7500
分の1．繊維が細くなればなるほど蒸散面積は広くなるので（従来品の
数十倍），汗を速やかに吸収・拡散します．また，高密度な織物は熱を
伝える近赤外線を反射し，熱を遮る効果もあります．

さらに，UVカットの成分を繊維に練りこんで，紫外線によるシミや
肌老化を防止するなどの機能をもたせたものもあります．

### ■ 冬用の機能性繊維素材

吸湿発熱素材を使用することで，繊維自身が【② 　　　】を発して体
を暖めるものが普及しています．これは，「吸着熱」という性質を利用
しています．ユニクロ社の「ヒートテック®」が有名です．

また，特殊な糸構造をもつポリエステルの芯部に，太陽光を吸収して
熱エネルギーに変換する物質を練りこむことで，衣服内を暖める素材も
あります．

## 3章で学んだこと

● 繊維には，天然繊維と化学繊維があり，それぞれの繊維はさまざまな特色をもっている．

● ペットボトルの素材はポリエステルと同じであり，衣類にリサイクルできる．

● 化学のしくみを活用した機能性繊維によって，夏や冬でも快適な衣類の開発が進んでいる．

## 実用知識 大切なセーターなどを虫食いから守ろう

合成繊維の害虫被害は非常に少ないのですが（害虫は石油をえさにできないのでしょう），ウール，シルクなどの柔らかい動物繊維は，たんぱく質からできているため，害虫の格好のえさになります．セルロース系繊維の綿や麻も被害にあうことがあります．

### ▶衣類につく害虫

衣類害虫は，甲虫であるカツオブシムシとガの一種であるイガの2種類が存在します．

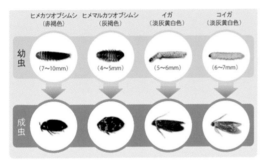

エステー化学株式会社ウェブサイト（https://products.st-c.co.jp/plus/question/answer/04.html）より

衣類害虫の活動条件は以下のとおりです．
【栄養】天然繊維や食べこぼし，ほこりなど．
【活動温度】15〜25℃（30℃を超えると鈍くなる）．
【湿度】60％以上のじめじめした場所を好む．

暖かく湿気がこもりやすく，ほこりや食べ残しなどのえさがあるタンスやクローゼットの中は，衣類害虫にとって快適な環境なのです．

### ▶防虫対策

1. 皮脂汚れや食べ残しなど害虫のえさを取り除くために収納前に「しまい洗い」を忘れずにする．
2. タンスの中のほこりなどをよく掃除しておく．
3. 防虫剤を使用する．

### ▶防虫剤

においのないピレスロイド系と，独特のにおいがするパラジクロロベンゼン，ナフタリン，しょうのうがあります．防虫成分は，固体から一気に気体になってタンスなどの空間に拡散して効果を発揮します（「昇華」という現象．第9章参照）．気体の防虫成分は空気より重いため，防虫剤は，衣類の上に置きます．最近は吊り下げ式も多く見られます．成分を衣類に行きわたらせるために，タンスなどの扉を閉めた密閉空間で使用します．有効成分はいずれなくなるので，有効期限を確認しておきましょう．

衣類害虫の成虫には羽があるため，外出時や洗濯物を干しているときに付着して，タンスの隅に住みつくことがあります．できる限り侵入させないように，衣類の保管場所・保管方法をよく考え，防虫剤を使用しましょう．

---

問題の解答
p.17クイズ ③蚕が桑の葉を食べて成長して作ったまゆから絹糸を紡いで作る．蚕は，1個のまゆを作るために，たんぱく質であるフィブロイン（シルクプロテイン）を主成分とする糸を約800〜1,200 m使う．
テーマ1 ①天然 ②化学 ③ポリエステル ④綿 ⑤ナイロン ⑥アクリル ⑦66 ⑧再生 ⑨半合成
テーマ2 ①石油 ②化学 ③ポリエチレンテレフタレート ④ペットボトル ⑤アミド
ギャラリー ①綿 ②麻 ③夏 ④絹 ⑤光沢 ⑥羊毛 ⑦虫 ⑧冬 ⑨レーヨン ⑩キュプラ ⑪アセテート ⑫静電気 ⑬ポリエステル ⑭ナイロン ⑮アクリル ⑯冬 ⑰ポリウレタン ⑱合成
テーマ3 ①洗濯表示 ②洗濯機 ③漂白剤 ④アイロン
テーマ4 ①機能性繊維 ②熱

# 第4章

# 石けん，洗剤の化学

## Quiz

以下の汚れには，①家庭用洗濯機と②ドライクリーニングのどちらが適しているでしょうか？

(a) 汗のついた運動服や下着

(b) 型崩れしやすいウールやスーツ

(c) ジュースやしょうゆをこぼしてしまった服

(d) えり周りにファンデーションがついた凝ったデザインのワンピース →答えは章末に

汚れを落とすためにどうして洗剤が必要なのかな？

家庭の洗濯機とドライクリーニングの使い分け方も知りたいな.

　汚れを落とす方法はさまざまですが，一般的な洗剤といえば石けんです．石けんは，手に付いた油汚れを，大量の水とともに取り除きます．漂白剤は，汚れを小さく分解し，汚れそのものを破壊します．ドライクリーニングは，石油系の溶剤を使い，油系の汚れを溶かして取り除きます．服の表面についたほこりやちりは，ブラシや研磨剤などで取り除きます．

　この章では，汚れの種類にあった洗剤や洗浄方法を知るとともに，洗剤の分子構造やメカニズムを，化学の視点で理解することで，より効果的に汚れを取り除く方法を学びましょう．

# テーマ1　どうして石けんで汚れが落ちるの？

水と油を混ぜると
https://www.youtube.com/
watch?v=9sQk1LG91cA

**＊石けんの原料油脂**
牛脂，ヤシ油，豚脂，パーム
油，パーム核油，オリーブ油，
ひまし油など．

「水と油のような関係」といわれるように，水と油は混ざりあいません．しかし，石けんを使えば，水を使って油汚れを落とせます．

## ■ 石けんのつくり方

石けんの主な原料は，トリグリセリドという，【①　　　　　　　】の骨格に3個の脂肪酸が結合した構造をもつ油成分（油脂）です＊．この油脂をアルカリである【②　　　　　　　】（水酸化ナトリウム）と反応させると，グリセリンとともに石けんができます．この反応を【③　　　　　】反応といいます（**図4.1**）．

$$
\begin{array}{ll}
R^1COO-CH_2 & R^1COONa \quad CH_2OH \\
R^2COO-CH + 3NaOH \longrightarrow & R^2COONa + CHOH \\
R^3COO-CH_2 & R^3COONa \quad CH_2OH
\end{array}
$$

トリグリセリド　苛性ソーダ　　　　石けん　　グリセリン

**図4.1**　けん化反応
**WORK** ▶石けんの部分に色を塗ってみよう！

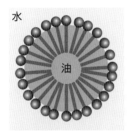

**図4.3** ミセルと水と油

## ■ 石けん分子とミセル

石けん分子には，水になじみやすい【④　　　　　】基と，油になじみやすい【⑤　　　　　】基〔疎水基（油の構造に似ていて，炭素の鎖が長い足のような部分）〕があります（**図4.2**）．

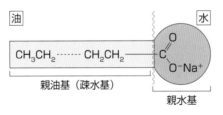

油　　　　　　　　　　　　　　　　　水

$CH_3CH_2$ ------ $CH_2CH_2$

親油基（疎水基）　　　　　　　　　親水基

**図4.2**　石けん分子と水と油
**WORK** ▶親水基と親油基に違う色を塗ってみよう！

■■■ Topic ■■■
私たち生物の細胞膜も，ミセルと同じ，界面活性剤でできていて脂質二重層になっている（p.52参照）．

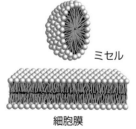

ミセル

細胞膜

■■■ Topic ■■■
いまある汚れは地球上からなくなるわけではない．洗い流した汚れ成分は，洗剤と一緒に排水口から環境下へ出ていく．適切な下水処理を行うなどして，川などへ洗剤を直接流すことは避けたい．

石けんは，1つの分子中に親水基と親油基を有しているため（両親媒性），水と油の2層の境界面（界面）に作用し，2つの層を橋渡しします．このような働きをもつ物質を，【⑥　　　　　　　】（もしくは両親媒性分子）と呼びます．界面活性剤の量が増えるにしたがって，水中に【⑦　　　　　　　】と呼ばれるカプセル状のものができます（**図4.3**）．これは，親油基が周りの水を嫌がって内側に集まり，親水基が水に接するように外側を向くことで形成されます．

油は，水を嫌うため，親油基に囲まれてミセルの中に取り込まれます（**図4.4**）．

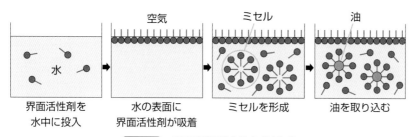

**図4.4** 界面活性剤のミセル形成

WORK ▶ミセルの部分に色を塗ってみよう！

## ■ 油汚れが落ちるしくみ

洗濯機に適量の洗剤（界面活性剤）を投入すると，界面活性剤の親油基が油に向かって吸着します（湿潤作用）．その後，布と汚れの間に界面活性剤が浸透し，汚れを布からはがそうとします(浸透作用)．そして，油を含んだミセルを形成し，布から分離します（乳化・分離作用）．分離した布表面は界面活性剤が覆い，分離したミセルが布に再付着することを防ぎます（再付着防止作用）（図4.5）．

その後，よくすすいで，油を含んだミセルや余分な洗剤や小さな汚れの粒などを洗い流せば，油汚れを取り除くことができます．

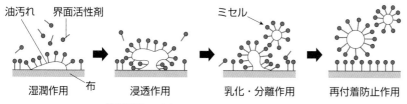

**図4.5** 洗剤が油汚れを落とすしくみ

WORK ▶油汚れを丸で囲んでみよう！

## ■ 洗剤（界面活性剤）の濃度と性質

図4.6は洗剤（界面活性剤）の濃度と，水溶液の性質を表します．グレーの領域は，すべての界面活性剤がミセルとなったときの濃度帯で【⑧　　　　　　　】（critical micelle concentration：CMC）といいます．

その濃度を境に性質が大きく変わります．たとえば，【⑨　　　　】力は，CMC の濃度までならどんどん上がりますが，CMC に到達した後は，界面活性剤をいくら追加しても洗浄力は変わりません．【⑩　　　　】（泡立ち）力も CMC までは上がっていきますが，それを超えると下がります．一方，【⑪　　　　】力は CMC に達するまでは下がり続け，CMC に到達した以降は変化しません．

つまり，たくさん洗剤を加えたからといって，汚れが落ちやすくなるわけではないのです．容器記載の注意書きを見て，適切な量を用いるのが賢い使用法です．

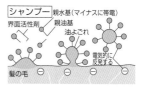
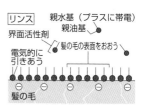
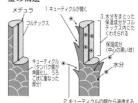
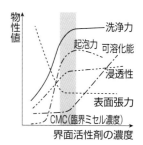

# GALLERY

## ●乳化状態にある食品

牛乳は，水の中に乳脂肪という油成分が入っています．たんぱく質が界面活性剤の役割を果たしてミセルを形成し，油成分はそのミセルに取り込まれます．ミセルによって光が遮られ，コップの向こうが透けて見えない不透明な状態を【① 　　　　】状態といいます．

水中油滴型(O/W型)
エマルジョン

乳脂肪分の入ったアイスクリームやマヨネーズも，乳化状態の食品です．これら乳化状態の食品は，水の中に油があるので「水中油滴型エマルジョン」（乳化は英語でemulsion）といいます．「Oil in Water」の状態にあるので「O/W型エマルジョン」（O/W型乳化）ともいいます．テーマ1で解説したミセルもこの状態に分類されます．

油中水滴型(W/O型)
エマルジョン

逆に，たっぷりの油の中に少し水溶性成分が入っているものに，バターやマーガリンがあります．親油基が外側を覆い，親水基が水分を守る形で内側に位置します．油の中に少量の水溶性成分が入った乳化状態を形成するので，「油中水滴型エマルジョン」または，「Water in Oil」から「W/O型エマルジョン」（W/O型乳化）といいます．

---

### COLUMN 1 　洗剤の種類と関連法規を知ろう

洗剤は，ただ単に汚れを落とせばいいというだけでなく，その使用にあたって私たちの体に害がないこともとても重要です．私たちの日々の生活で使用される洗剤の4種類を下の表にまとめました．洗剤の製品開発には，さまざまな安全面が配慮され，法律で規制されています．それによって，私たちにより安全でよりよい生活環境を提供してくれるのです．

#### 洗剤の種類と関連法規

| 種類 | 用途 | 利用例 | 関連法規 | 管轄 |
|---|---|---|---|---|
| 身体用 | 直接皮膚や口の中で使用するもの | 石けん，シャンプー，歯みがき粉 | 薬機法※ | 厚生労働省 |
| 衣類用 | 衣類の汚れ除去 | 洗濯用洗剤 | 家庭用品品質表示法 | 消費者庁 |
| 台所用 | 洗浄後，口の中に入る可能性があるもの | 食器洗剤などの合成洗剤や石けん，みがき材 | 家庭用品品質表示法 食品衛生法 | 消費者庁，厚生労働省 |
| 住居用 | 住居の清掃 | 住宅用洗剤，家庭用洗剤 | 家庭用品品質表示法 有害物質を含有する家庭用品の規制に関する法律 | 消費者庁，厚生労働省 |

※薬機法の正式名は，「医薬品，医療機器等の品質，有効性及び安全性の確保等に関する法律」．平成25年11月に旧薬事法から改正．

## ◉ シャボン玉とミセル

　シャボン玉は，界面活性剤が【② 　　　　　】を形成するのと同じような現象です．台所洗剤を水に溶けば，シャボン玉液を簡単に作れます．シャボン玉の場合，水の中でミセルを形成した後，水をその周りに巻き込んで球状になります．つまり，界面活性剤の【③ 　　　　　】基が水の膜を取り囲んだ二重層になります．シャボン玉がパーンとはぜるとき，触った手が水に濡れるのは二重層の中の水です．

シャボン玉

水　空気

ミセル

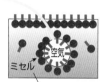

空気

シャボン玉液（石けん水）

### COLUMN 2　新型コロナウイルス対策の石けんとアルコール消毒

　2020 年新型コロナウイルスのパンデミック（世界的大流行）により世界中で多くの感染者や死者が出て，私たちの生活様式は大きな変革を余儀なくされました（2023 年 3 月現在，7 億 6500 万人感染，692 万人死亡．2023 年 5 月 5 日 WHO 緊急事態宣言終了，2023 年 5 月 8 日感染法上 5 類に移行）．人類はこれまでもペスト（14 世紀頃ヨーロッパで 2,500 万人が死亡），スペイン風邪（1918 年世界で 4,000 万人以上が死亡），新型インフルエンザ（2009 年世界で 1.8 万人が死亡）など，感染症との戦いを繰り返してきました．

　新型コロナウイルスやインフルエンザウイルスには，エンベロープと呼ばれる脂質二重膜が外側にあります．その脂質（油）の膜を壊せばウイルスを退治することができます．本章で学んだ石けんは，ウイルスの油の膜をミセルの中に取り込み，破壊します．また，エチルアルコールは，有機溶媒であり，油を溶かすことができるので，石けん同様ウイルスの油の膜を破壊できます．メチルアルコールやエーテルやヘキサンなどでも膜を破壊できますが，毒性があるので使えません．

　また，ウイルスは細菌やカビと違って宿主細胞（人間や動物の細胞など）がなければそれ自身では増殖できず，いずれ消失します．飛沫感染を防ぐために，ソーシャルディスタンスの確保やマスク着用によってウイルスを体に入れないようにすることが重要です．

エンベロープがあるウイルス
（新型コロナウイルス・インフルエンザウイルスなど）

エンベロープは，石けんやアルコールで破壊できる
エンベロープが壊れて，ウイルス本体を破壊できる

脂質二重膜（エンベロープ）

アルコール
石けん

カプシド
たんぱく質

エンベロープがないウイルス
（ノロウイルス・ロタウイルスなど）

一般的にアルコールや熱に強く，感染力も強い
次亜塩素酸ナトリウムなどが有効な消毒液である

アルコール
石けん

カプシド
たんぱく質

# 汚れの種類を見極めるには?

## ■ 洗浄のしくみ

汚れの種類をよく調べると, 以下の**表4.1**のように大別できます.

**表4.1** 汚れの種類

| 汚れの種類 | | 汚れの具体例 | 洗浄方法 |
|---|---|---|---|
| 【①　　　】性 | 水に溶ける | ジュース, コーヒー, ジャム, はちみつ, 醤油, 汗, 尿, など | 家庭用洗濯機, 水や石けんで洗浄 |
| 【②　　　】性 | 水に溶けないが溶剤に溶ける | 油汚れ, 化粧品, 皮脂, バター, ボールペン, クレヨン, など | ドライクリーニング, 石けんや溶剤で洗浄 |
| 【③　　】の汚れ | 水にも溶剤にも溶けない粒子 | 砂ぼこり, すす, 泥, 鉄さび, ほこり, など | はたきやブラシで除去 |
| 【④　　　】 | 服の繊維内や陶磁器の隙間に入り込んだシミや汚れ | 衣類のシミ, 湯飲みについた茶渋, など | 漂白剤 |

**WORK ▶** 上記4つの汚れの具体例を書いてみよう!

表4.1の①の汚れは, 家庭用洗濯機で十分に落とすことができます. 軽い汚れなら, 水道水で洗い流すか水に濡れたタオルで軽くふけば, 水に溶けて取り除けます.

②の汚れは, 石けんを利用したり, 石油系の溶剤を使用する【⑤　　　　　　　　】を利用します.

③のような, 水にも溶剤にも溶けない汚れや, 古い本の上のほこりなどを取り除くときなどは, はたきやブラシでたたいたりこすったりして物理的に取り除きます.

④のような, 洗剤で除けない汚れは,【⑥　　　　　】剤を使って汚れを分解します.

溶解や分解という化学的な現象を理解し, それぞれ汚れの性質を知ることで, 掃除や洗濯の際に適切な方法を選ぶことができます(**表4.1, 図4.7**).

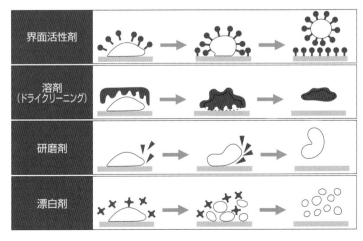

**図4.7** いろいろな洗浄方法のしくみ
**WORK ▶** 汚れの部分に色を塗ってみよう!

## テーマ3　ドライクリーニングと漂白剤のしくみって？

### ■ ドライクリーニングとは

　ドライクリーニングは，水洗いすると縮みやすく型崩れしやすいウールなどや，水では落とせない【①　　　】性の汚れ（皮脂，口紅，肉などの食べ物のシミ汚れなど）に有効です．【②　　　】系の溶剤（パークロロエチレンなど）を使用しているので，管理や後処理がたいへんで，家庭用洗濯機と比べてかなり大きな装置が必要です．溶剤は【③　　　】が低く気化しやすいので，装置は完全に密閉されています．

　クリーニングで衣類を洗浄した溶剤には，汚れが移ります．汚れた溶剤は，フィルターで異物を取り除き，活性炭などの吸着剤で色やにおい物質も取り除いて，再利用されます．ある程度使用されると，廃棄され，新しい溶剤に交換されます．

**Topic**
ドライクリーニングという呼び名は，「水を使わない」ことから，ドライ（乾燥している）という言葉が使われている．

**Topic**
有機溶剤の乾燥が不十分な衣類を着用すると，皮膚障害（化学やけど）を起こすことがある．クリーニング後に異臭がする場合は，包装紙（ビニール袋）を外し自然乾燥してから保存すると化学やけどを回避できる．

### ■ 漂白剤のしくみと種類

**図4.8** 汚れが漂白されるしくみ

漂白成分が色素に働きかける　色素を分解して無色にする

　繊維の奥に入り込んだシミや湯飲みの茶渋など，通常の洗浄では落ちない汚れには，漂白剤を用います．漂白剤は，汚れの成分を【④　　　】反応，もしくは【⑤　　　】反応により，分解（破壊）し，別の小さな分子に変え，色を落とします（**図4.8**）．

　漂白剤には大きく分けて，【⑥　　　】系漂白剤，【⑦　　　】系漂白剤，【⑧　　　】型漂白剤の3種類があります（**表4.2**）．

**Topic**
塩素系漂白剤は漂白力がとても強く効果的だが，色柄衣料に使用すると，色が抜けることがあるので，注意が必要である．

**表4.2** 漂白剤の種類

| 分類 | 塩素系漂白剤（酸化型） | 酸素系漂白剤（酸化型） | | 還元型漂白剤 |
|---|---|---|---|---|
| 形状 | 液体 | 粉末 | 液体 | 粉末 |
| 主成分 | 【⑨　　　】 | 過炭酸ナトリウム | 【⑩　　　】 | 二酸化チオ尿素 ハイドロサルファイト |
| 液性 | アルカリ性 | 弱アルカリ性 | 弱酸性 | 弱アルカリ性 |
| 漂白力 | とても強い | 強い | やや強い | やや弱い |
| 除菌・殺菌力 | 強い | 強い | 強い | ない |
| 使用可能 | 水洗可能な白物繊維 | 水洗可能な白物・色柄物繊維 | 水洗可能な白物・色柄物繊維 | 水洗可能な白物繊維 |
| 使用不可能 | 水洗できないもの，色柄物繊維，毛，絹，ナイロン，金属製ボタン，ファスナー | 水洗できないもの，毛，絹，金属製ボタン，ファスナー | 水洗できないもの，金属製ボタン，ファスナー | 水洗できないもの，色柄物繊維，金属製ボタン，ファスナー |

## 4章で学んだこと

● 物質は，水に溶ける水溶性のものと，油に溶ける油溶性のものがある．
● 界面活性剤（石けん）は，親水基と親油基からなる両親媒性の分子である．
● 界面活性剤はミセルというカプセル状のものを形成して，油汚れを内側に取り込む．

## 実用知識　まぜるな危険

お風呂のカビ取り用の塩素系洗浄剤も，トイレ用の酸性洗剤のどちらも，おうちをきれいにしてくれる洗剤です．しかし，塩素系洗剤には次亜塩素酸ナトリウム（NaClO）が，酸性洗剤には塩酸（HCl）などが使われていて，まぜると，戦争で毒ガスとしても使われた塩素ガス（$Cl_2$）が発生します．

$$NaClO + 2HCl \longrightarrow NaCl + H_2O + Cl_2 \uparrow$$

日本でも事故が発生しており，現在では容器に大きな文字で「まぜるな危険」と書かれています．

化学の知識をもって，安全な生活を送りましょう．

| 塩素系 | まぜるな危険 |
|---|---|
| ご注意 | ●酸性タイプの製品と一緒に使う（まぜる）と有害な塩素ガスが出て危険。<br>●換気をよくして使用する。<br>●お子さまの手にふれないようにする。<br>●液が目に入ったら、すぐに水で洗う。 |

## *Quiz*

下の洗剤の種類でまぜると危険な組み合わせはどれでしょう？

①

石けんとシャンプー

②

歯磨き剤と柔軟仕上げ剤

③

カビ取り塩素系洗浄剤とトイレ用酸性洗剤

→答えは章末に

---

問題の解答
p.25 クイズ　(a)①（汗は水溶性なので）　(b)②（水洗だと型崩れしやすい）　(c)①（ジュースや醤油は水溶性成分なので）
　(d)②（化粧品の主成分は油が多いので溶剤によく溶ける．また，凝ったデザインのものは水洗では型崩れしやすい）
テーマ1　①グリセリン　②苛性ソーダ　③けん化　④親水　⑤親油　⑥界面活性剤　⑦ミセル　⑧臨界ミセル濃度　⑨洗浄　⑩起泡　⑪表面張
ギャラリー　①乳化　②ミセル　③親水
テーマ2　①水溶　②油溶　③粒子　④シミ　⑤ドライクリーニング　⑥漂白
テーマ3　①油溶　②石油　③沸点　④酸化　⑤還元　⑥塩素　⑦酸素　⑧還元　⑨次亜塩素酸ナトリウム　⑩過酸化水素
p.32 クイズ　③（実用知識「まぜるな危険」参照）

# 第**5**章

# 味の化学

## *Quiz*

味には，五基本味として，甘味・塩味・酸味・苦味・うま味の５つがあります．それらが
下の食材のどれにあてはまるか考えてみましょう！

→答えは章末に

① (　　　　) 味　②(　　　　) 味　③(　　　　) 味

④ (　　　　) 味　⑤(　　　　) 味

食べ物によって
味がいろいろと
違うよね？

味の違いは，何が
原因なのかな？

　味には，その元となる化学物質があり，五基本味それぞれの味成分は類似の化学構造をもって
います．たとえば，レモンや梅干しのすっぱい成分（酸味）は，クエン酸が主な酸味成分です．
甘味成分で最も代表的な砂糖は，ブドウ糖と果糖が結合した二糖の成分です．
　本章では，ふだん食している味の成分とその化学構造を意識しながら，味を感じるしくみについ
て化学的な視点で学んでいきましょう．

テーマ1 **苦味，塩味，酸味を感じるしくみとは？**

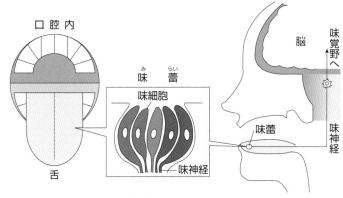

**図5.1** 味蕾と味の伝達

おいしい食べ物を口に入れると幸せな気分になります．私たちは口に食べ物を入れた瞬間にその食材の味を見分けています．

味は，まず，舌にある花の蕾のような形をした【①　　　】*と呼ばれる【②　　　】細胞の集合体によって感知されます．味蕾には五味（苦味，塩味，酸味，甘味，うま味）を感じる受容細胞があります．その後，味細胞と結合している味神経を通して，脳（大脳皮質）の中央部に位置する【③　　　】野に伝達され，味を感じます（**図5.1**）．五味それぞれの味，もしくはそれらが合わさった味が伝わることで，私たちは食べ物に対し，「おいしい」や「おいしくない」と感じています．

■ **苦味，塩味，酸味の成分**

苦味，塩味，酸味の主要な成分の化学構造がいくつか明らかになっています．

コーヒーの苦味成分は，クロロゲン酸や，覚醒作用がある【④　　　　　】という物質です（**図5.2**）．カフェインのように窒素が分子中に入っている物質の多くを【⑤　　　　　】といいます．アルカロイドの中には，抗マラリア薬のキニーネや，麻薬成分であり医療の現場でも用いられるコカイン（麻酔薬）やモルヒネ（鎮痛薬）など，人体に対して生理作用をもつ物質が多く存在します（第11章参照）．

塩味は，塩そのものの味で，化学物質としては塩化ナトリウム（NaCl）です．

酸味成分は，特徴としてほぼすべての化学構造式に【⑥　　　　】基（－COOH）の構造をもっています（**図5.3**）．梅干しやレモンのすっぱさは【⑦　　　　】酸が主要成分ですが，クエン酸1分子の中に3個もカルボキシ基を含んでいます．

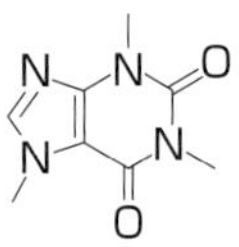

*味蕾は，舌だけではなく，口の中の上あご，喉の奥などにも存在する．

カフェイン

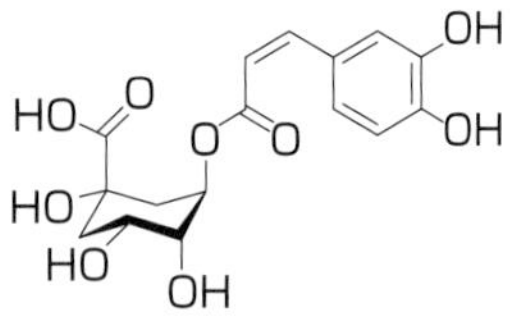

クロロゲン酸

**図5.2** コーヒーの苦味成分

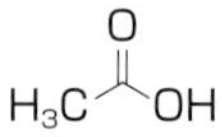

酢酸 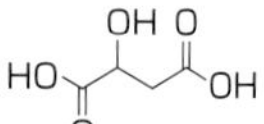　　　リンゴ酸

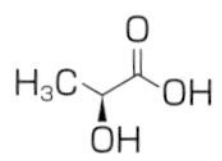

乳酸 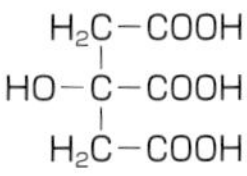　　　クエン酸

**図5.3** 酸味成分

# テーマ2 甘味にはどんな成分が含まれている？

甘味成分の代表選手といえば砂糖です．砂糖はスクロース（ショ糖）ともいいます．ブドウ糖（グルコース）と果糖（フルクトース）からなる二糖類（第6章参照）です（**図5.4**）．

世界の砂糖生産量は，年間1.7〜1.8億トンで，そのうち【①　　　　】から約77％，【②　　　　】（ビートや砂糖大根ともいう）から約23％が生産されています．日本の砂糖生産量は年間80万トンです．日本では砂糖の90％を輸入し，残りの約【③　　】％を自給しています．砂糖の主な輸入国はオーストラリアとタイです．

**表5.1** 各国の砂糖生産量と消費量

2015年統計資料より．

(単位：千t)

| 生産量 | | | 消費量 | | |
|---|---|---|---|---|---|
| 1位 | ブラジル | 37,070 | 1位 | インド | 27,200 |
| 2位 | インド | 25,500 | 2位 | EU | 18,800 |
| 3位 | EU | 16,500 | 3位 | 中国 | 17,800 |
| 4位 | タイ | 10,100 | 4位 | アメリカ | 10,959 |
| 5位 | 中国 | 8,230 | 5位 | ブラジル | 10,800 |
| ⋮ | | | ⋮ | | |
| 24位 | 日本 | 800 | 16位 | 日本 | 2,065 |

国内で，砂糖が収穫されているのは，【④　　　　】道，【⑤　　　　】県，【⑥　　　　】県の3道県だけです．国内で収穫される砂糖の原料は，全体の75％がてん菜，残る25％がサトウキビになります．てん菜は，北海道で100％，サトウキビは，沖縄県で59％，鹿児島県で41％収穫されています（**図5.5**）．

ほかの身近な甘味成分に，はちみつがあります．はちみつの成分は，20％が水分で残り80％が糖分です．その糖分の組成は，果糖50.5％，ブドウ糖41.9％，砂糖1.4％で，単糖の【⑦　　　　】糖と【⑧　　　　】糖が主成分です．砂糖は常温で白い粉末です．一方，はちみつは常温では液体ですが，低温では白い結晶となります．味が似ていても風味や形状が異なるのは，単糖と二糖の性質の違いによります．

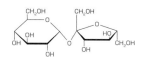

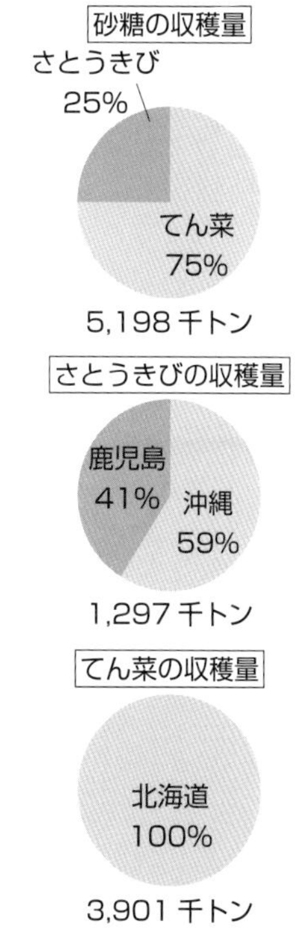

ブドウ糖　　　　　果糖
（グルコース）（フルクトース）

**図5.4** 砂糖の分子構造

■■■■ Topic ■■■■

世界の砂糖の生産量上位国はブラジル，インド，EU，タイと続き，消費量の上位国はインド，EU，中国，アメリカ，ブラジルとなっている（**表5.1**）．日本は，生産量が24位，消費量は16位である．このデータから，各国における人口や食文化の特徴や違いが想像できる．

砂糖の収穫量
さとうきび 25%
てん菜 75%
5,198千トン

さとうきびの収穫量
鹿児島 41%
沖縄 59%
1,297千トン

てん菜の収穫量
北海道 100%
3,901千トン

**図5.5** 国内の砂糖の収穫量割合（2017年）

# Quiz

そのままでは渋くて食べられない渋柿ですが，干し柿にすると，とても甘くおいしくなります．なぜでしょうか？

①渋味の成分である柿タンニンが，日干し過程で飛んでいくから

②柿タンニンは日干し過程で重合し，大きな不溶性柿タンニンが生成する．それは大きすぎて味を感知する味蕾細胞に入れないから

③渋柿の中のブドウ糖や果糖が柿表面に出てきてその甘味が渋みに打ち勝ち，渋みを感じさせなくなるから　　　□→答えは章末に

# GALLERY

## ◉ 人工甘味料

てん菜やサトウキビを原料に使わない人工甘味料があります．人工甘味料には，糖類以外の物質もあります．たとえば【①　　　　　】は，パルスイート®やダイエットコーラなどに使われていて，アミノ酸である【②　　　　】酸と【③　　　　　】がつながった化学物質です．糖類ではないので血糖値を上昇させることがなく，砂糖の約 200 倍の甘さがあるため，ごく少量で甘味を加えられます．また，低カロリーであることから【④　　　　】飲料やコーヒーシュガーなどに使われています．しかし，先天性の疾患（フェニルケトン尿症）によってフェニルアラニンを分解できない人は，アスパルテーム摂取量を制限する必要があります．ほかにも，極めて甘味が強いサッカリン（砂糖の約 350 倍の甘さ）は，水に溶けないので，ナトリウム塩の形で使われます．

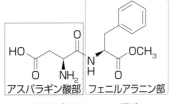

**アスパルテームの構造**

**人工甘味料**

**サッカリン**
**（サッカリンナトリウム）**

---

**COLUMN 1**　　　　　　**日本料理はだしが基本**

　味噌汁やお吸い物といった料理の要（かなめ）はだしです．昆布と鰹節のあわせだしを，「一番だし」といいます．主にお吸い物やうどん・そば，お雑煮に使われます．

　「一番だし」を取る際には，昆布，鰹節の順に加えます．昆布は水とともに鍋に入れ，30 分〜1 時間ほど漬け置きしてから火にかけます．鍋が沸騰する直前に昆布を取り出します．次に鰹節を入れて沸騰したらすぐに火を止め，30 秒ほどしてから取り出します．この手順を行うことで，雑味がなく上品な風味のだしに仕上がるのです．最近では，粉末になっただしの素（グルタミン酸やイノシン酸，図 5.6 参照）があり，だし入り味噌まで販売されているなど，ずいぶんと便利になってきました．

　味噌にはさまざまな酵素が含有されていて，うまみ成分などが，その酵素によって分解してしまうため，だし入り味噌の開発には大変な苦労があったそうです．

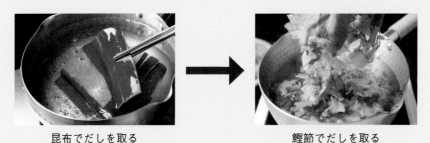

昆布でだしを取る　　　　　　　　　　　　鰹節でだしを取る

## ◉ ゴーヤの苦み

ゴーヤ（ニガウリ）は，苦い食材のひとつです．ゴーヤの苦み成分は【⑤　　　　　　】です．ククルビタシンは，ウリ科植物に特有のトリテルペノイド配糖体の一種で，ゴーヤにはとくに多く含まれています．ほかにも，キュウリ，メロン，スイカなどのへたに近い部分に含まれます．

ゴーヤ

ゴーヤチャンプルー

ククルビタシン

# Quiz

和食料理の「さしすせそ」といわれる調味料と，それに対応する五基本味を，それぞれ線でつなぎましょう．

→答えは章末に

| さ | し | す | せ | そ |
|---|---|---|---|---|
| Salt | しょうゆ | みそ | SUGAR | 酢 |
| 甘味 | 塩味 | 酸味 | 苦味 | うま味 |

### COLUMN 2　　6番目の味覚「脂肪味」

近年，多くの研究者から，五基本味に6番目の味として脂肪味も加えるという研究発表が盛んに行われています．味蕾細胞には脂肪に反応する味覚受容体が存在する可能性が示唆されています．

現代の社会では，脂肪分の多いハンバーグやポテトフライ，ケーキなどの洋菓子といった高脂肪食品が簡単に入手できます．脂肪味を受容する味覚受容細胞が敏感な人は，高脂肪食品を食べすぎてしまうことはありませんが，鈍感な人は高脂肪食品を食べすぎてしまい，生活習慣病のリスクが高まる傾向があるようです．脂肪分の多い食品を常に摂食していると，脂肪味に慣れてしまい，鈍感になるそうです．健康管理には気をつけたいものです．

## テーマ3　うま味ってなに？

＊核酸とリボース
核酸は，リボ核酸（RNA：ribonucleic acid）とデオキシリボ核酸(DNA:deoxynucleic acid）の総称である．塩基，糖，リン酸からなり（図5.6），RNAの糖の部分はリボースで，DNAではデオキシリボースである．どちらも二重らせん構造である生体高分子である．RNAは，たんぱく質の合成に関与している．新型コロナウイルスは，RNAを内部にもつRNAウイルスの一種である．

リボース

デオキシリボース

　日本の食文化で最も特徴的なものは，【①　　　】の文化です．昆布や鰹節からだしを取ることによって，日本食独特の【②　　　】味を生み出しています．うま味成分は，1908（明治41）年，東京帝国大学（現在の東京大学）の池田菊苗教授が，【③　　　】から取り出しました．それはアミノ酸の一種である【④　　　】酸でした．

　その後，1913（大正2）年，池田の弟子の小玉新太郎が鰹節から【⑤　　　】酸を発見．さらに1957（昭和32）年，國中明がシイタケから【⑥　　　】酸を発見し，うま味成分が解明されました．イノシン酸，グアニル酸は核酸を構成する物質で，リボースという糖が分子構造に入っています＊（図5.6）．

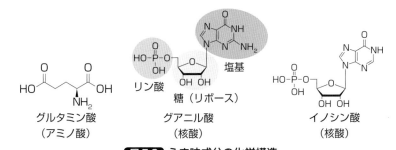

図5.6　うま味成分の化学構造
WORK ▶リボースの部分に色を塗ってみよう！

表5.2　うま味成分とそれを含む主な食材

| グルタミン酸 | | | | イノシン酸 | | グアニル酸 | |
| 植物性 | | 動物性 | | 動物性 | | キノコ類 | |
|---|---|---|---|---|---|---|---|
| 昆布 | 2240 | チーズ | 1700 | 煮干し | 863 | 干しシイタケ | 157 |
| 醤油 | 780 | ハム | 340 | 鰹節 | 687 | マツタケ | 65 |
| 一番茶 | 668 | イワシ | 280 | シラス干し | 439 | エノキダケ | 22 |
| アサクサノリ | 640 | スルメイカ | 146 | アジ | 265 | | |
| トマト | 260 | ホタテガイ | 140 | 豚肉 | 122 | | |
| ジャガイモ | 102 | バフンウニ | 103 | 牛肉 | 107 | | |
| ハクサイ | 100 | | | | | | |

注）数字は食材100gに含まれる量（mg）

　グルタミン酸は，昆布やトマト，チーズやハムなどに含まれます．イノシン酸は，主に動物性の煮干し，鰹節や豚肉などに含まれています．グアニル酸は，干しシイタケなどのキノコ類に多く含まれています（表5.2）．

## テーマ 4　辛味ってなに？

辛味は，五基本味とは違って，味受容細胞を介さずに味蕾近傍の【①　　　】に作用する，痛みに近い感覚です．したがって五基本味ではありませんが，食を考える際になくてはならない味です．

辛い食べ物の代表である唐辛子の辛み成分は【②　　　　　　】です．ショウガの辛み成分は，【③　　　　　　　】やギンゲロールです．これらの3つの構造式を見ると似た化学構造をしています．「山椒は小粒でもぴりりと辛い」といわれる山椒の辛み成分は【④　　　　　　　】です．構造の違いが辛さの程度や感じ方を変えます（図 5.7）．

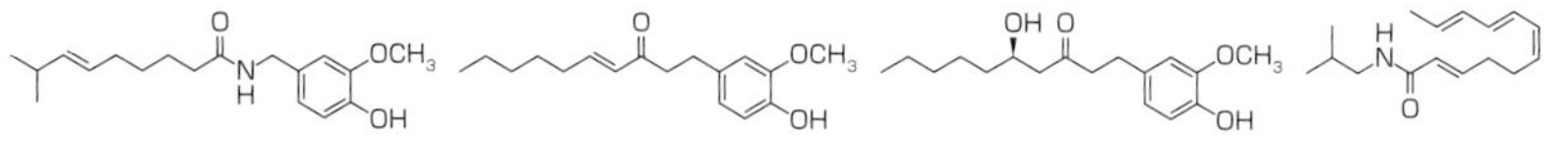

カプサイシン　　ショウガオール　　ギンゲロール　　サンショオール

図 5.7 辛味成分

**WORK** ▶共通する構造に色をつけてみよう！

ニンニクとわさびには，独特の辛味があります．その成分は，それぞれ【⑤　　　　】と【⑥　　　　　　　　　　】です．どちらも分子構造の中に【⑦　　　】元素を有しています．

アリシンは生のニンニクの状態では存在しません．ニンニクを包丁で刻んで細胞を破壊したときに生成するアリナーゼという酵素によって，アリインという成分から，アリシンに変化します(図 5.8)．アリシンは，低分子化合物で，沸点が低く，加熱中に飛んでしまいます．また分子の中にプラスとマイナスがあり，化学的にとても不安定なため，加熱調理の過程で分解してなくなってしまいます．そのため，生のニンニクはとても辛く感じますが，加熱調理したニンニク料理からは辛さを感じません．

わさびの場合も，すりおろし器でわさびの細胞を破壊することで，ミロシナーゼという酵素が働き，その酵素反応によってシニグリンから，わさび独特の辛み成分であるアリルイソチオシアネートが作られます(図 5.9)．

■ Topic ■
ショウガオールやサンショオールの化合物名は，日本語の生姜や山椒から命名されている．これらは，日本の研究者が発見した化学成分である．化合物の命名権は世界で最初に発見した人にあるため，日本語由来の名前が命名された．その他にも大豆から発見された，イソフラボノイドのダイゼインという化合物も日本語の大豆に由来する．

■ Topic ■
ニンニクや生のわさびは，包丁やおろし器により操作することで，あの独特のにおいと辛味が出る．

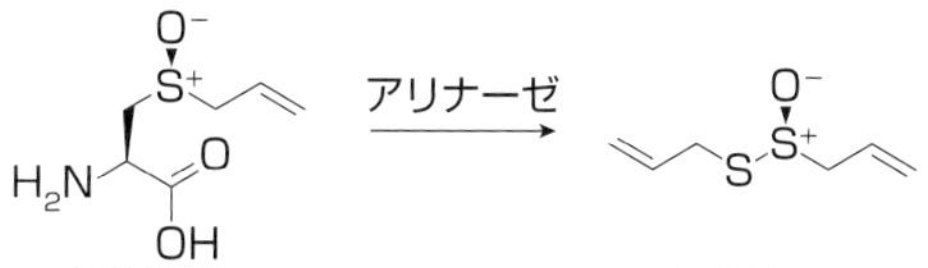


アリイン　　アリシン

図 5.8 ニンニクの辛味

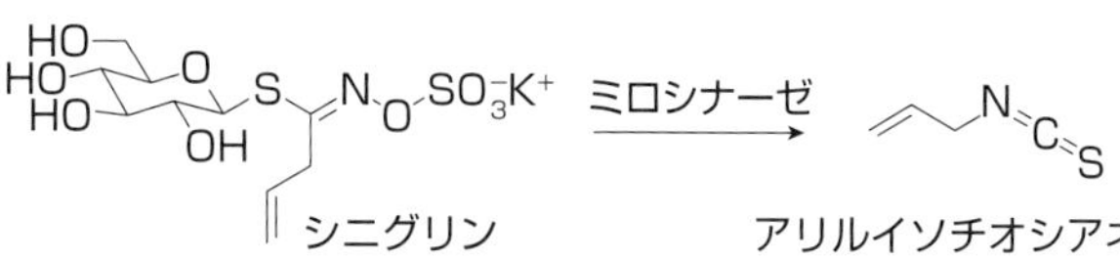


シニグリン　　アリルイソチオシアネート

図 5.9 わさびの辛味

**WORK** ▶図 5.8，図 5.9 のなかにある硫黄元素に色を塗ってみよう！

## ５章で学んだこと

● 五基本味は，甘味・塩味・酸味・苦味・うま味である.
● 多くの酸味成分はカルボキシ基（−COOH）を有している.
● だしとして使用される昆布，鰹節，干しシイタケからうま味成分が発見された.

### 実用知識  うま味で減塩

塩分は，生命活動の維持に不可欠で，とくに熱中症対策に重要な役割を担います．しかし塩分の摂りすぎは，高血圧や生活習慣病やがん，循環器疾患の発生リスクを高めるという報告があり，減塩がすすめられています．

今回学習したうま味成分を含むだしを活用すると，塩の味が引き立てられ，減塩の薄味でもおいしくいただけます．昆布だしとかつおだしを両方使いグルタミン酸やイノシン酸などをあわせてだしをとることで，味の相乗効果が生まれ，減塩食品がいっそうおいしくいただけます.

## Quiz

五味(五基本味)と辛味の代表的な食材に含まれる主要な味成分を選択肢から選びましょう.

| 味 | ① | ③ | ⑤ | ⑦ | ⑨ | ⑪ |
|---|---|---|---|---|---|---|
| 食材 | | | | | | |
| 味成分 | ② | ④ | ⑥ | ⑧ | ⑩ | ⑫ |

◆味：塩味，甘味，辛味，酸味，うま味，苦味
◆味成分：(a) 塩化ナトリウム　(b) グルタミン酸，イノシン酸，グアニル酸など　(c) カフェイン，カテキンなど　(d) 砂糖，グルコース，フルクトース，アスパルテームなど　(e) カプサイシン，ショウガオール，サンショオールなど　(f) 酢酸，乳酸，クエン酸など

**問題の解答**
p.33 クイズ　①甘，②酸，③うま，④塩，⑤苦
テーマ1　①味蕾，②味，③味覚，④カフェイン，⑤アルカロイド，⑥カルボキシ，⑦クエン
テーマ2　①サトウキビ，②てん菜，③10，④北海，⑤鹿児島，⑥沖縄，⑦ブドウ，⑧果
p.35 クイズ　②渋柿はもともと甘柿より糖分が多い．日干し過程でタンニンが重合し高分子になる.
ギャラリー　①アスパルテーム，②アスパラギン，③フェニルアラニン，④ダイエット　⑤ククルビタシン
p.37 クイズ　さ：砂糖，甘味．し：塩，塩味．す：酢，酸味．せ：醤油，うま味および塩味．そ：味噌，うま味および塩味．（醤油，味噌は製造原料として塩を使うとともに発酵食品であり，うま味成分であるアミノ酸が生成する）
テーマ3　①だし，②うま，③昆布だし，④グルタミン，⑤イノシン，⑥グアニル
テーマ4　①神経，②カプサイシン，③ショウガオール，④サンショオール，⑤アリシン，⑥アリルイソチオシアネート，⑦硫黄
p.40 クイズ　①苦味，②(c)，③塩味，④(a)，⑤酸味，⑥(f)，⑦甘味，⑧(d)，⑨うま味，⑩(b)，⑪辛味，⑫(e)

# 第6章

食 食べる

# 栄養の化学① 炭水化物, たんぱく質

## *Quiz*

次の食品を，炭水化物（糖質），たんぱく質，脂質を主要な成分として含む食材に分類し，解答欄に番号を記入しましょう.

炭水化物 [        ]　　たんぱく質 [        ]　　脂質 [        ]　　→答えは章末に

栄養のバランスが大切っていうけれど，どうしてかな？

好きなものを好きなだけ食べちゃだめなの？

　私たちの体を作り健康を維持していくためには，毎日食べる食材から，5大栄養素を中心にバランスよく摂取する必要があります．バランスの取れた食生活を営むことで，健康な体をいつまでも維持することができます.

　食材から摂取した5大栄養素が，私たちの体の中でどのような役割を果たしているのかについて学習し，健康で長生きするための知恵を身につけましょう.

| テーマ1 | 5大栄養素のそれぞれの役割は？ |

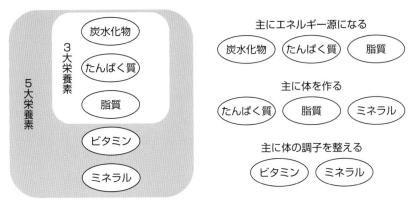

**図6.1** 5大栄養素

**WORK** ▶炭水化物, たんぱく質, 脂質, ビタミン, ミネラルをそれぞれ違う色で塗ってみよう！

　私たちが日常的に摂取している, 炭水化物, 脂質, たんぱく質, ミネラル, ビタミンの5つの栄養素を【① 　　　　　】といい, そのなかでもエネルギー源となる炭水化物, 脂質, たんぱく質を【② 　　　　　】（エネルギー産生栄養素）といいます（図6.1）.

## ■ 炭水化物
　【③ 　　　】である炭水化物は, ご飯, パン, 麺類, いも類やトウモロコシに【④ 　　　　】などの形で多く含まれています. 消化吸収されると炭水化物1gあたりのエネルギーは【⑤ 　】kcalになります.

## ■ 脂質
　脂質は1gあたりのエネルギーは【⑥ 　】kcalと, 炭水化物よりも高いエネルギーの栄養素です. 脂質は, 体の【⑦ 　　　】膜の構成成分であり, 主要な【⑧ 　　　　】源です.

## ■ たんぱく質
　主菜となるたんぱく質には, 肉, 魚, 乳製品などの【⑨ 　　　】性たんぱく質と, 豆類などの【⑩ 　　　】性たんぱく質があります. 私たちの体は, 水分, 脂質, たんぱく質, その他の成分から構成され, そのうち約【⑪ 　　　】％が水分, たんぱく質が約【⑫ 　　　】％を占めます. 【⑬ 　　　】, 臓器, 爪, 皮膚など体の主要組織はたんぱく質です.

## ■ ミネラル, ビタミン
　体の機能を【⑭ 　　　】する栄養素が, ミネラルとビタミンです. 必要摂取量は3大栄養素と比べてはるかに微量ですが, とても重要です.

## テーマ2 栄養素のエネルギーはどう活用されるの？

3大栄養素から生じた
エネルギー

↓

ADPにリン酸基（Pᵢ）を
結び付ける

↓

ADP+Pᵢ

↺

ATP

↓

エネルギー

● 体をつくる（たんぱく質の合成）
● 運動する（筋肉の収縮）
など

**図6.2** ATPの利用

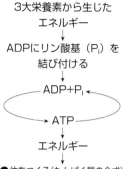

**図6.3** エネルギー経路の概略

※アミノ酸は，リジンとロイシンを除いて，体内の代謝によってグルコースの原料になる．

**Topic**

私たちは，生命を維持するために必要となるエネルギーをATP（アデノシン三リン酸）という物質から得ている．
ATPは，ADP（アデノシン二リン酸）という物質がリン酸基（Pᵢ）と結び付いている．
3大栄養素から生じたエネルギーは，ADPにリン酸基（Pᵢ）を結び付けるために使われる．

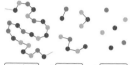

たんぱく質 →分解 ペプチド →分解 アミノ酸

**図6.5**
たんぱく質とアミノ酸

$$H_2N-\overset{\overset{\displaystyle H}{|}}{\underset{\underset{\displaystyle R}{|}}{C}}-COOH$$

**図6.6** アミノ酸

3大栄養素は，私たちの体内でできる限り小さい物質に【①　　　】されたあと，【②　　　】の形でエネルギーを得るために利用されます（図6.2）．エネルギーに利用されずに残った栄養素は体の各器官に貯蔵されます．そして，再び栄養素が必要になった際に再利用されます．

炭水化物は，口の中の【③　　　　　】などの酵素によって【④　　　　　】（ブドウ糖）に分解されます．エネルギーに利用されなかった余分なグルコース（ブドウ糖）は【⑤　　　　　】に形を変えて，体内に一時的に貯蔵されます．貯蔵量は，筋肉中の約【⑥　　　】%，肝臓中の約【⑦　】%程度で，その量には限界があります．貯蔵されているグリコーゲンは，体内の血糖値が下がった際にグルコース（ブドウ糖）に分解され利用されます（図6.3，図6.4）．

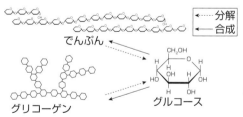

**図6.4**
炭水化物（糖質）の分解と合成

たんぱく質は，基本単位であるアミノ酸に分解されます（図6.3，図6.5，図6.6）．

脂質は，体内で皮下脂肪，内臓脂肪，中性脂肪として蓄積されます．脂肪となった脂質は体内で無限に貯蔵できます．体内で脂肪として貯蔵された後，エネルギーが不足すると脂肪酸とグリセリンに分解され利用されていきます（図6.3，図6.7）．

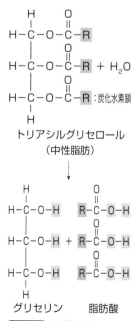

**図6.7** 脂質のグリセリンと脂肪酸への分解反応

# GALLERY

## ● 食事バランスガイド

　さまざまな食材を摂取し，バランスの取れた食生活を営むことで，健康な体を維持することができます．その手助けとして，【①　　　　　　　　　　】が厚生労働省・農林水産省によって作成されました．

　食事バランスガイドでは，「何を」「どれだけ」食べたらよいかを下のようなコマのイラストを用いて示し，毎日の食事を「主食」「副菜」「主菜」「牛乳・乳製品」「果物」の5つの料理グループに区分します．この区分ごとに「1つ（SV：サービング）」という単位を用いて1日の目安が示されています．また，コマの軸として「水・お茶」が描かれ，コマを回転させるための運動も必要です．

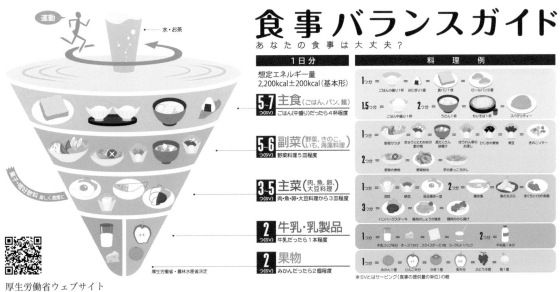

厚生労働省ウェブサイト
https://www.mhlw.go.jp/bunya/kenkou/eiyou-syokuji.html

### COLUMN1 　紙や木材はグルコースの塊（セルロース）

　セルロースは，約3,000個のグルコースがβ-グリコシド結合した，分子量が約50万にもなる直鎖の高分子化合物です．野菜や果物など植物の細胞壁の主要成分であり，木材やワラはセルロース50％からできています．ろ紙や綿繊維はほぼ純粋なセルロースです．また，セルロースは，体内の消化酵素で消化されず，食物繊維として腸内細菌に利用され，整腸作用があります．

　木材などに含まれるリグニンなどを除去し，セルロースをグルコースにまで分解できれば，エネルギー源になります．そのグルコースを酵母で発酵させればエタノールに変換され，バイオ燃料（バイオエタノール）にすることもできます．

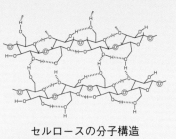

セルロースの分子構造
赤丸はβ-グリコシド結合

綿花

## ● 菜食主義者とたんぱく質

たんぱく質を摂らないと，体の機能を維持することはできません．肉や魚を食べない菜食主義者（ベジタリアン）は，どんな食品からたんぱく質を摂っているのでしょうか？ 肉や魚はたんぱく質摂取のための有効な食材ですが，それらを除いた場合，適当なたんぱく源は，【② 　　】類などの植物性たんぱく質です．大豆由来の豆腐，テンペ，納豆，味噌，醤油もたんぱく源になります．ベジタリアンの多いインドではレンズ豆やひよこ豆などの入ったカレーもよく見かけます．アーモンドやピスタチオ，カシューナッツなどのナッツ類も高たんぱく素材です．

【③ 　　　　　　】　　　　　【④ 　　　　　　】　　　　　【⑤ 　　　　　　】

---

**COLUMN 2**　　　　**血液型を決めるのは糖鎖**

血液型を決めているのは，赤血球表面に結合した糖鎖です．糖鎖とは，糖が鎖のように長くつながった物質をいいます．赤血球の表面にある *N*-アセチルグルコサミンという糖がガラクトースとつながり，さらにそのガラクトースにフコースがつながっている場合，血液型は O 型と判定されます．A 型は，この O 型の糖鎖に *N*-アセチルガラクトサミンが，B 型はガラクトースがつきます．AB 型はその両方の糖鎖をもちます．

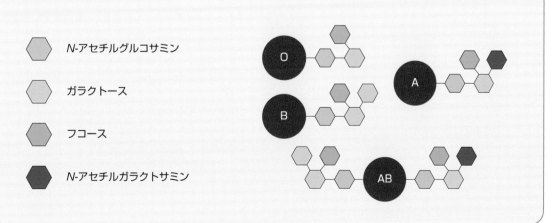

*N*-アセチルグルコサミン

ガラクトース

フコース

*N*-アセチルガラクトサミン

**テーマ3**

# 炭水化物はなぜ主食なの？

**表6.1** 炭水化物の分類

| | 分類 | 構成物質 |
|---|---|---|
| 糖類<br>（1〜2） | 単糖類 | グルコース，ガラクトース，フルクトース |
| | 二糖類 | 砂糖，ラクトース，マルトース |
| | 糖アルコール | ソルビトール，マンニトール |
| オリゴ糖<br>（3〜9） | マルトオリゴ糖 | マルトデキストリン |
| | 他のオリゴ糖 | フラクトオリゴ糖，ガラクトオリゴ糖 |
| 多糖類<br>（10以上） | でんぷん<br>非でんぷん性多<br>糖類 | アミロース，アミロペクチン，<br>セルロース，ヘミセルロース，ペクチン，<br>ヒアルロン酸，コンドロイチン，ヘパリン |

厚生労働省『日本人の食事摂取基準（2020年版）』をもとに作成.

**\*重合体（ポリマー）**
たくさんの小さい分子（単量体，モノマー）が，互いに結合して巨大な分子（高分子）となることを重合という．重合によって生成した高分子を重合体という．

**\*血糖値**
血液中に含まれるグルコース（ブドウ糖）の濃度を血糖値という．摂取した炭水化物は，消化・分解されグルコースとなり血液に吸収される．それにより食後は血糖の濃度が上昇するとともに，すい臓からインスリンが分泌される．その働きによって，グルコースは細胞に取り込まれて，エネルギー源として利用される．

■■■ Topic ■■■
デンプンのα-グリコシド結合のらせん構造のすきまにヨウ素分子が入り込めるため，ジャガイモなどにヨウ素入りのうがい薬を垂らすと，ヨウ素デンプン反応によって呈色する（図6.8）．
セルロースのβ-グリコシド結合（p.44参照）はシート状ですきまがないため入り込むことができず，ヨウ素デンプン反応は起こらない．

炭水化物は，単糖，あるいはそれを最小構成単位とするオリゴ糖や重合体（ポリマー）で，組成式 $C_m(H_2O)_n$ からなる化合物です（**表6.1**）．

【① 　　】類であるでんぷんは，グルコース〔分子量:180（図6.4）〕が，α-グリコシド結合によって枝分かれしたりらせん状につながったりしてできた，分子量約15万〜200万以上の高分子化合物です（図6.8）．【② 　　】の貯蔵栄養素となっています．

炭水化物を摂取するとグルコース（ブドウ糖）に分解され，【③ 　　】値\*が上がり，空腹感を補います．砂糖やはちみつに含まれるグルコース（ブドウ糖）やフルクトース（果糖）は，すでに低分子になっているので，摂取後すぐに吸収されていきます．

アミロース

**図6.8** α-グリコシド結合した でんぷんの構造
枝分かれしたアミロペクチン約80％とらせん状のアミロース約20％が混在．

アミロペクチン

エネルギーとして利用されなかったグルコースは，体内でグリコーゲンとして貯蔵されます．グリコーゲンは，動物の主要なエネルギーの貯蔵用多糖で，グルコース単位10個に1個の割合で分枝した構造をもち，分子量は1億にもなる巨大な多糖です（図6.4）．食事と食事の間の空腹時や激しい運動時のエネルギー源（供給源）として利用されます．

私たちの体は，病気や外界の環境に左右されない状態を保つため，常に一定の範囲内で生理状態を保とうとします．これを【④ 　　】性（ホメオスタシス）といいます．血糖値の恒常性を保つために，空腹状態のときにはご飯など炭水化物を食べて血糖値を上げ，余剰なブドウ糖はグリコーゲンの形で筋肉や肝臓に貯蔵します．そのため，飢餓状態でグリコーゲンを激しく消費すると，骨が浮き出るほどやせ細ってしまいます（図6.3）.

| テーマ4 | たんぱく質を摂るとどうなる？ |

## ■ アミノ酸

たんぱく質には，肉，乳製品，魚などの【①　　　　】性たんぱく質と，豆類などの【②　　　　】性たんぱく質があります．たんぱく質は，9種類の【③　　　　】と11種類の非必須アミノ酸の合計【④　　　】種類のアミノ酸がさまざまに組み合わさった高分子物質です．必須アミノ酸は，私たちの体内では作ることができないため，食事から摂る必要があります（図6.9）．

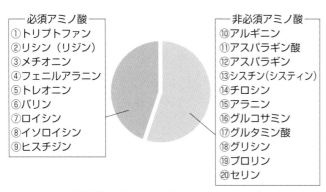

**必須アミノ酸**
① トリプトファン
② リシン（リジン）
③ メチオニン
④ フェニルアラニン
⑤ トレオニン
⑥ バリン
⑦ ロイシン
⑧ イソロイシン
⑨ ヒスチジン

**非必須アミノ酸**
⑩ アルギニン
⑪ アスパラギン酸
⑫ アスパラギン
⑬ シスチン（システィン）
⑭ チロシン
⑮ アラニン
⑯ グルコサミン
⑰ グルタミン酸
⑱ グリシン
⑲ プロリン
⑳ セリン

**図6.9** 必須アミノ酸と非必須アミノ酸

たんぱく質は，体内でアミノ酸に分解され，【⑤　　　】から吸収されます．吸収されたアミノ酸は，体の設計図である【⑥　　　　】（DNA*）の情報に基づいて再び連結され，体に必要なあらゆるたんぱく質に合成されていきます（図6.10）．

## ■ 酵素

私たちが食べ物を摂取して排泄するまでに，体内では化学反応が繰り返されます．その化学反応をつかさどるのが【⑦　　　】です．酵素は主にたんぱく質からできています．また，これら体内酵素の働きをミネラルが助けています．

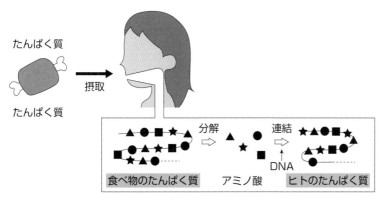

**図6.10** たんぱく質の分解と再合成

---

＊ DNA（deoxynucleic acid，デオキシリボ核酸）
二重らせんという構造をしており，遺伝情報の設計図の役割をしている．DNA鑑定など犯罪捜査や親子鑑定にも使われる．

参考動画

二重らせん構造が回転する様子
http://nsgene-lab.jp/movie/dna_rotation/

■ Topic ■
酵素には大別すると，
① 酸化還元酵素
② 転移酵素
③ 加水分解酵素
④ 合成酵素
などがある．これらの酵素は私たちの生命活動を維持している．たとえば，唾液中の加水分解酵素（消化酵素）であるアミラーゼは，でんぷんを二糖のマルトース（麦芽糖）に分解する．胃液中のペプシンやすい臓中のトリプシンという酵素は，たんぱく質を低分子のペプチドに分解し，胃液やすい臓のリパーゼは，脂肪を脂肪酸とグリセロールに分解する（図6.3，図6.7）．

## 6章で学んだこと

- 5大栄養素とは，炭水化物，たんぱく質，脂質，ミネラル，ビタミンである．
- 炭水化物であるご飯などのでんぷんは，ブドウ糖に分解され，血糖値を維持する．余剰な糖はグリコーゲンとして筋肉などに貯蔵され，空腹時などに糖に分解され再利用される．
- たんぱく質は，9種類の必須アミノ酸と11種類の非必須アミノ酸からなる．
- たんぱく質である酵素は，体のいたるところで化学反応をつかさどる．

**実用知識**

# アミノ酸スコア

食べ物に含まれるたんぱく質の量と必須アミノ酸がバランス良く含まれているかを数字で表した指標を「アミノ酸スコア（アミノ酸価）」といいます．必須アミノ酸9種類を1日の必要量以上含有している食材のアミノ酸スコアは100となります．アミノ酸スコアが100の食品は，肉，卵，牛乳，ローヤルゼリーなどです．米や小麦は，必須アミノ酸のひとつであるリジンが足りないため，アミノ酸スコアは60前後です．ひとつの必須アミノ酸が必要量ないだけでアミノ酸スコアは下がってしまいます．アミノ酸スコアを100に近づけるためにも，食事

では，高いスコアをもつ食品を意識したり，不足するアミノ酸を他の食材から補ったりしましょう．

### 主な食品のアミノ酸価

| 食品名（アミノ酸価が100未満） | アミノ酸価 | 不足する必須アミノ酸 | 食品名（アミノ酸価が100） | アミノ酸価 |
|---|---|---|---|---|
| 米（精白米） | 61 | リジン | 卵 | 100 |
| 米（玄米） | 64 | リジン | 牛肉（脂身なし） | 100 |
| 小麦粉（薄力粉） | 42 | リジン | 豚肉（脂身なし） | 100 |
| さつまいも | 83 | リジン | いわし | 100 |
| じゃがいも | 73 | ロイシン | さけ | 100 |
| きゅうり | 66 | ロイシン | 牛乳 | 100 |
| しいたけ（生） | 78 | トリプトファン | ヨーグルト | 100 |
| ピーナッツ | 58 | ロイシン | ローヤルゼリー | 100 |

**問題の解答**
p.41 クイズ　炭水化物：③④⑤⑧，たんぱく質：①⑥⑩⑪，脂質：②⑦⑨⑫
テーマ1　①5大栄養素，②3大栄養素，③主食，④でんぷん，⑤4，⑥9，⑦細胞，⑧エネルギー，⑨動物，⑩植物，⑪60，⑫20，⑬筋肉，⑭調整
テーマ2　①分解，②ATP，③アミラーゼ，④グルコース，⑤グリコーゲン，⑥1〜2，⑦8
ギャラリー　①食事バランスガイド，②豆，③テンペ，④レンズ豆，⑤ひよこ豆
テーマ3　①多糖，②植物，③血糖，④恒常
テーマ4　①動物，②植物，③必須アミノ酸，④20，⑤小腸，⑥遺伝子，⑦酵素

# 第7章

# 栄養の化学② 脂質，ミネラル，ビタミン

## *Quiz*

学習機能向上作用や血液をサラサラにする効果，中性脂肪の低下作用などがあるとして注目されている DHA と EPA は，どんな食材に多く入っているでしょうか？

①牛肉　　②大豆油　　③青魚（イワシ，サンマ，アジなど）　　④オリーブ油

[　　　]→答えは章末に

油を摂りすぎると体に悪いようなイメージがあるけどどうなのかな？

ミネラルやビタミンのサプリメントはたくさんあるけど，どんな効果があるのかな？

　DHA（ドコサヘキサエン酸，docosahexaenoic acid）および EPA（エイコサペンタエン酸，eicosapentaenoic acid）は体内で合成できない必須脂肪酸のひとつです．どちらも魚油や青魚に多く含まれている油（油脂）です．油脂は，「脂質」という栄養素に分類されます．

　脂質は，6 章で学んだ炭水化物，たんぱく質とともに，3 大栄養素のひとつです．3 大栄養素にミネラル，ビタミンを加えた 5 つを 5 大栄養素と呼びます．本章では，脂質，ミネラル，ビタミンについて学びます．いずれも，私たちの体を形成し，健康を維持するために欠かすことができない栄養素です．

## テーマ1 　　　　脂質ってなに？

脂質とは，生物由来で【① 　　　】に溶けない物質を指します．単純脂質（中性脂質），複合脂質（極性脂質），複合体，関連脂質に分類されます（図7.1）．

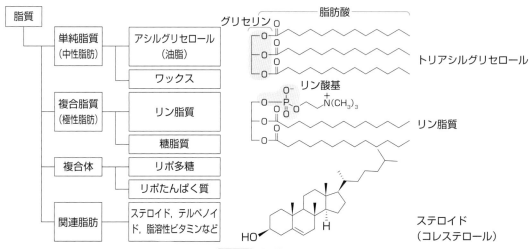

**図7.1** 脂質の分類

WORK ▶化学構造式の脂肪酸の部分に色を塗ってみよう！

### ■ 単純脂質（中性脂肪）

単純脂質（中性脂肪）は，動植物由来の油脂に多く含まれ，グリセリンに3個の脂肪酸がエステル結合しています．3箇所がアシル化*されているため，【② 　　　　　　　】と呼びます．

食用油の主要な構成成分は，このトリアシルグリセロールです．体内でエネルギーとして貯蔵されるとともに（第6章参照），体温を維持したり，内臓脂肪として内臓の周りを覆って衝撃から守ったりします．

### ■ 複合脂質（極性脂質）

複合脂質（極性脂質）として，【③ 　　　　】があります．これは，トリアシルグリセロールのアシル基（R−CO−）のひとつがリン酸基に置き換わったものです．生物の細胞膜は，このリン脂質による脂質二重層でできており，細胞の内と外を区別します*．

### ■ 複合体と関連物質

複合体には，脂質と多糖からなるリポ多糖や，脂質とたんぱく質からなるリポたんぱく質があります．

関連脂肪のステロイドである【④ 　　　　　　】は，リン脂質とともに細胞膜の構成物質でもあり，体にとって重要な成分です*．摂りすぎても不足しても，健康を害する危険があります．

**＊アシル化**
分子内に C=O が挿入されること．

**Topic**
漢字で「油脂」と示すとき，動物性油脂のように常温で固体のものは「脂」，植物性油脂のように常温で液体のものは「油」として使い分けている．

**Topic**
リン脂質は，「レシチン」とも呼ばれる．天然の乳化剤であり，食品や医薬・化粧品に使用される．食品工業の分野では卵黄レシチンや大豆レシチンが製造されている．

＊ p.52 COLUMN 参照．

## テーマ2 油脂にもいろいろあるの？

**表7.1** 主な油脂の種類ごとの違い

| | | 油脂名 | 融点（℃） | ヨウ素価* | 主成分（略記法, %）* |
|---|---|---|---|---|---|
| 動物油脂 | 陸産 | 牛脂 | 35 〜 50 | 25 〜 60 | オレイン酸（18：1 n-9, 39-50 %）<br>パルミチン酸（16：0, 24-35 %） |
| | | 豚脂（ラード） | 28 〜 48 | 46 〜 70 | オレイン酸（18：1 n-9, 40-60 %）<br>パルミチン酸（16：0, 24-33 %） |
| | 海産 | イワシ油 | － | 165 〜 190 | DHA（22：6 n-3, 17-28 %）<br>パルミチン酸（16：0, 17-20 %）<br>EPA（20：5 n-3, 9-15 %） |
| 植物油脂 | 不乾性油（脂） | オリーブ油 | 0 〜 6 | 75 〜 90 | オレイン酸（18：1 n-9, 70-85 %）<br>パルミチン酸（16：0, 7-15 %） |
| | | ヤシ油（ココナッツオイル） | 14 〜 25 | 7 〜 16 | ラウリン酸（12：0, 45-52 %）<br>ミリスチン酸（14：0, 15-22 %） |
| | 半乾性油 | ゴマ油 | −6 〜−3 | 103 〜 118 | オレイン酸（18：1 n-9, 35-50 %）<br>リノール酸（18：2 n-6, 35-50 %） |
| | | 菜種油 | −12 〜 0 | 94 〜 107 | エルカ酸（22：1 n-9, 35-60 %）<br>オレイン酸（18：1 n-9, 10-35 %） |
| | | 大豆油 | −8 〜−7 | 114 〜 138 | リノール酸（18：2 n-6, 50-57 %）<br>オレイン酸（18：1 n-9, 20-35 %） |
| | 乾性油 | サフラワー油（紅花油） | −5 | 122 〜 150 | リノール酸（18：2 n-6, 60-80 %） |
| | | アマニ油（亜麻仁油） | −27 〜−18 | 190 〜 204 | α-リノレン酸（18：3 n-3, 30-54 %）<br>オレイン酸（18：1 n-9, 15-20 %） |

**WORK** ▶ 融点が低い順に番号をつけてみよう！

＊略記法の例
**オレイン酸**（18：1 n-9, 39-50 %）
"18：1" は，炭素鎖中の炭素数が18個で1個の二重結合があることを表す．"n-9" は，炭素鎖の端から数えて9番目に最初の二重結合がある．"39-50 %" は，油全体のうち脂肪酸が存在する割合．

＊**ヨウ素価**
不飽和度（二重結合の多さ）の測定に使われ，二重結合が多いほど数値が高くなる．ヨウ素価が高い油脂の融点は低く，常温で液体のものが多い．

---Topic---
一部を除きほとんどの脂肪酸は，炭素数が偶数個である．これは，脂肪酸が生合成される際，炭素を2個もったアセチル基（$CH_3CO-$）が，より長い炭素鎖を作る際の原料となるためである．

---Topic---
乾性油などヨウ素価が大きい油は，酸化熱によって自然発火しやすい．乾性油が染みついた布などを部屋の隅や脱衣所に放置して自然発火した例が報告されており，取り扱いには注意が必要である．

油脂は，動物油脂と植物油脂に分けられます（**表7.1**）．【①　　　　】酸の炭素鎖の長さや，【②　　　　】結合の位置や数の違いによってさまざまな油脂があり，それぞれ異なる性質を示します．たとえば，牛脂やラードは常温で固体，ゴマ油や大豆油は液体で存在するのは，油を構成する脂肪酸の違いによるものです．

飽和度が高い牛脂，豚脂は，【③　　　　】脂肪酸を多く含むので，融点が高く，常温では固体になります．不飽和度の高いイワシ油などの魚油は，DHAやEPAなどの【④　　　　】脂肪酸を多く含むので，常温では液体になります．DHAは，脂肪酸の炭素鎖の中に二重結合が6個，EPAは5個あります（**図7.2**）．

油脂は，不乾性油，半乾性油，【⑤　　　　】油にも分けられます．ヨウ素価100以下のオリーブ油やヤシ油は，空気中で固まりにくい不乾性油です．ヨウ素価100 〜 130前後のゴマ油や菜種油は，半乾性油です．ヨウ素価130以上のサフラワー油やアマニ油は，不飽和度が高く，空気中の酸素と反応して固化しやすい乾性油です．

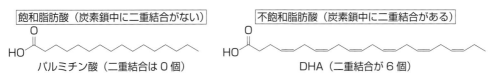

飽和脂肪酸（炭素鎖中に二重結合がない）　パルミチン酸（二重結合は0個）

不飽和脂肪酸（炭素鎖中に二重結合がある）　DHA（二重結合が6個）

**図7.2** 脂肪酸による二重結合の数の違い

# GALLERY

## ◉ 脂肪酸の種類

　二重結合をもたない飽和脂肪酸は動物性の油脂が多く，融点が高く常温で【① 　　　】です．二重結合をもつ不飽和脂肪酸は植物性の油脂や魚類由来で，1個だけ二重結合をもつ【② 　　　】不飽和脂肪酸と2個以上もつ【③ 　　　】不飽和脂肪酸があり，多くは常温で【④ 　　　】です．一価不飽和脂肪酸は体内で合成できますが，多価不飽和脂肪酸は体内で合成できず，食材から摂取する必要があります．

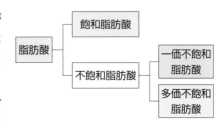

# *Quiz*

①～⑧の油脂は，常温では固体と液体，どちらの状態で存在しているか整理しよう．

固体 [　　　　　　　]　　液体 [　　　　　　　]

→答えは章末に

①バター

②豚脂（ラード）

③牛脂（ヘット）

④大豆油

⑤オリーブオイル

⑥ヤシ油（ココナッツオイル）

⑦魚油

⑧サフラワー油

### COLUMN 細胞膜は脂質二重層

　リン脂質は，疎水性の足を2本と，親水性の頭をもつ分子です．細胞膜は，リン脂質が二重になった脂質二重層でできた，細胞の内と外を区別する膜です．細胞の周りは水に包まれているので，膜の外側に親水性の頭があり，疎水性の足は内側で互いに向きあっています．細胞膜には糖たんぱく質やたんぱく質，糖鎖が埋め込まれています．さらに，膜にくさびを打つような形でコレステロールも埋め込まれています．

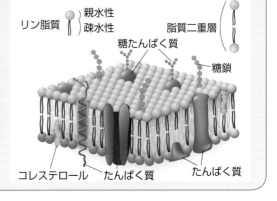

## ● ミネラルを多く含む食品

　ミネラルは，生体を構成する主要な4元素（酸素，炭素，水素，窒素）以外のものの総称で，無機質ともいいます．主要なミネラルを多く含む食品には以下のようなものがあります．

**魚介類**

カルシウム，マグネシウム，リン，クロム，マンガン，銅，亜鉛，セレン，ヨウ素

**海藻類**

カルシウム，マグネシウム，クロム，鉄，ヨウ素

**豆類**

カリウム，マグネシウム，リン，モリブデン，マンガン，銅

**野菜**

カリウム，カルシウム，鉄

**肉類**

リン，クロム，亜鉛，セレン

**レバー**

鉄，銅，モリブデン

**牛乳・乳製品**

カルシウム，リン

**卵（卵黄）**

鉄，亜鉛，セレン

**ココア**

亜鉛，銅

## *Quiz*

以下のうち，日本人の通常の食生活で不足がちのミネラルはどれでしょうか？

①ナトリウム　②カルシウム　③セレン　④ヨウ素　⑤鉄 ☐ ☐ →答えは章末に

| テーマ3 | ミネラルってなに？ |

### 表7.2 主なミネラル

| 元素 | 原子番号 | 主な食品 | 1日の推奨摂取量〔18〜64歳の成人の場合〕 |
|---|---|---|---|
| **多量ミネラル** | | | |
| ナトリウム Na | 11 | 食塩など調味料 | 目標量：7.5 g 未満（男性），6.5 g 未満（女性） |
| マグネシウム Mg | 12 | 豆類，種実類，海藻類，魚介類 | 340 mg（男性，ただし 30〜64 歳は 370 mg）<br>270 mg（女性，ただし 30〜64 歳は 290 mg） |
| リン P | 15 | 肉類，魚介類，牛乳・乳製品，豆類 | 目安量：1,000 mg（男性），800 mg（女性） |
| カリウム K | 19 | 果物，野菜，いも，豆類，干物 | 目安量：2,500 mg（男性），2,000 mg（女性） |
| カルシウム Ca | 20 | 牛乳・乳製品，小魚，海藻類，大豆製品，緑黄色野菜 | 800 mg（男性，ただし 30〜64 歳は 750 mg），650 mg（女性） |
| **微量ミネラル** | | | |
| 銅 Cu | 29 | レバー，魚介類，種実類，豆類，ココア | 0.9 mg（男性），0.7 mg（女性） |
| 鉄 Fe | 26 | 海藻類，貝類，レバー，緑黄色野菜 | 7.5 mg（男性）<br>10.5 mg（女性，月経あり．ただし 50〜64 歳の場合は 11.0 mg）<br>6.5 mg（女性，月経なし） |
| モリブデン Mo | 42 | 豆類，穀類，レバー | 30 µg（男性），25 µg（女性） |
| セレン Se | 34 | 魚介類，肉類，卵 | 30 µg（男性），25 µg（女性） |
| クロム Cr | 24 | 魚介類，肉類，卵，チーズ，穀類，海藻類 | 目安量：10 µg |
| 亜鉛 Zn | 30 | 魚介類，肉類，穀類，種実類 | 11 mg（男性），8 mg（女性） |
| ヨウ素 I | 53 | 海藻類，魚介類 | 130 µg |
| マンガン Mn | 25 | 穀類，豆類，種実類，小魚，豆類 | 目安量：4.0 mg（男性），3.5 mg（女性） |

農林水産省，消費・安全局消費者行政課ホームページを参考に作成．

【①　　　　】は，5 大栄養素のひとつで，必須微量元素ともいわれます．生命活動に不可欠で，生体内に保持される量が比較的少ない元素の総称です．体内に存在する元素のうちで占める量は，わずか 0.7 %です．

そのなかでも 1 日の必要摂取量が多いものを【②　　　】ミネラル，非常に少ないものを【③　　　】ミネラルとよびます（**表7.2**）．微量ミネラルは，以下のような重要な生体機能に関与しています．

- **鉄 Fe**：貧血予防，肝臓の解毒作用，活性酸素除去作用
- **亜鉛 Zn**：酵素活性，ホルモンの活性化と調節，皮膚や骨の新陳代謝，味覚の維持
- **マンガン Mn**：骨代謝，糖脂質代謝，運動機能，皮膚代謝
- **銅 Cu**：鉄の吸収促進・代謝，エネルギー生成，活性酸素除去，10種類ある酵素の活性中心
- **セレン Se**：抗酸化作用，甲状腺ホルモンの生理活性，成長や発育
- **ヨウ素 I**：甲状腺ホルモンを構成（人体中ヨウ素の 70〜80 %は甲状腺に存在），生殖・成長・発達の制御

■■■■■ Topic ■■■■■
亜鉛の欠乏症として，味覚障害，肌あれ，免疫能低下（風邪をひきやすい），発育不全，機能性障害がある．日本人の平均摂取量は 7〜9 mg/ 日と，1 日の摂取基準より少ない．亜鉛は，食品加工の過程で失われるほか，インスタント食品やファーストフードなどを多く食べる偏った生活や，極端なダイエットで不足しがちになる．

テーマ4 # ビタミンってなに？

**表7.3** ビタミンの種類と多く含む食品

| ビタミン名 | 化学名，別名 | 主な食品 | 欠乏症 | 1日の推奨摂取量<br>〔成人（18〜64歳）の場合〕* |
|---|---|---|---|---|
| 脂溶性ビタミン | | | | |
| ビタミンA | レチノール<br>（β-カロチン） | ニンジン，カボチャ，卵黄，レバー，ウナギ，緑黄色野菜 | 脚気，夜盲症，角膜乾燥症，感染抵抗力低下 | 850 μgRAE/日（男性，30〜64歳は900 μgRAE/日）<br>650 μgRAE/日（女性，30〜64歳は700 μgRAE/日） |
| ビタミンD | カルシフェロール | 魚（イワシ，サンマ，鮭），しいたけ，乳製品 | くる病，骨軟化症，骨粗しょう症 | 8.5 μg/日 |
| ビタミンE | トコフェロール | 大豆，綿実油，アーモンド | 溶結性貧血，不妊，筋力低下 | 6.0 mg/日（男性，50〜64歳は7.0 mg/日）<br>5.0 mg/日（女性，30〜49歳は5.5 mg/日，50〜64歳は6.0 mg/日） |
| ビタミンK | フィロキノン | ブロッコリー，ほうれん草，納豆 | 頭蓋内出血，血液凝固しにくくなる | 目安量：150 μg/日 |
| 水溶性ビタミン | | | | |
| ビタミンB群 ビタミンB₁ | チアミン | 肉，魚，玄米，豆，チーズ，牛乳，緑黄色野菜 | 脚気，心不全 | 1.4 mg/日（男性），1.1 mg/日（女性） |
| ビタミンB₂ | リボフラビン | 肉，卵黄，大豆，緑黄色野菜 | 口角炎，口内炎，舌炎，脂肪性皮膚炎 | 1.6 mg/日（男性，50〜64歳は1.5 mg/日）<br>1.2 mg/日（女性） |
| ナイアシン | ニコチン<br>ニコチン酸アミド | 魚介類，肉類，海藻類，種実類 | 皮膚炎，下痢 | 15 mgNE/日（男性，50〜64歳は14 mgNE/日）**<br>11 mgNE/日（女性，30〜49歳は12 mgNE/日） |
| パントテン酸 | パントテン酸 | 牛乳，レバー，卵黄，豆類 | 皮膚障害 | 目安量：5 mg/日（50〜64歳の男性は6 mg/日） |
| ビタミンB₆ | ピリドキシン | レバー，肉，乳，魚，豆 | けいれん，貧血，神経障害 | 1.4 mg/日（男性），1.1 mg/日（女性） |
| ビオチン | ビオチン | レバー，卵黄 | 不眠症，貧血，皮膚炎 | 目安量：50 μg/日 |
| 葉酸 | 葉酸 | レバー，豆類，緑黄色野菜 | 貧血，口内炎，腸炎 | 240 μg/日* |
| ビタミンB₁₂ | コバラミン | レバー，肉，魚，チーズ，卵 | 貧血，口内炎 | 2.4 μg/日 |
| ビタミンC | アスコルビン酸 | 緑黄色野菜，果物，緑茶 | 壊血病，風邪，肉体疲労 | 100 mg/日 |

＊妊婦や授乳婦などは，別途基準値が定められているものもある.
＊＊ナイアシン当量（NE）＝ナイアシン＋$\frac{1}{60}$トリプトファン

　ビタミンは，生存や成長に必要な栄養素のうち，その生物の体内で十分な量を合成できないもので，炭水化物・たんぱく質・脂質以外の有機化合物の総称です．ビタミンには，【①　　】種類の【②　　　】性ビタミンと，【③　　】種類の【④　　　】性ビタミンがあります（**表7.3**）．体内で合成できないため，食事で摂取しなければなりません．必要量はごく微量ですが，欠乏するとさまざまな障害が起こります．

　私たちの体は，毎日食べている食品から得られる栄養素によって正常に維持されます．ミネラルやビタミンの表を見てみると，これら栄養素を多く含む食品は，さまざまな種類の食材に含まれていることがわかります．健康な体を維持するためには，一部の食材に偏った偏食をすることなく，さまざまな食品を食べ，5大栄養素をバランスよく摂取することが重要です．

■ **Topic** ■
妊娠を計画している人や妊娠3か月以内の人は，レバーなどのビタミンAを多く含む食品の継続的な大量摂取を避ける必要がある.

## 7章で学んだこと

● 脂質は，生物由来の水に溶けない物質で，3大栄養素のひとつである．
● 油脂は，飽和脂肪酸と不飽和脂肪酸を含む割合によって，常温で固体や液体になる．
● ミネラルは，生体を構成する主要4元素以外の元素で，体内に占める割合は0.7%だが，重要な機能をもつ．
● ビタミンには，脂溶性・水溶性のものがある．

## 実用知識 ビタミン摂取における注意事項

ビタミンは，脂溶性のビタミンと水溶性のビタミンに分類されることを学びました．それらの性質をふまえて，過剰摂取や欠乏症にならないよう意識することが重要です．

脂溶性ビタミンは，加熱調理で破壊されないので，油を使った炒め物などで吸収率が高くなります．脂溶性ビタミンは脂肪に溶け込み，肝臓や脂肪組織に蓄えられます．ビタミンAとDは重要なビタミンですが，多量に摂取すると体内に蓄積して過剰症になることがあります．

一方，水溶性ビタミンは，水に溶けて尿から排泄されるため，脂溶性ビタミンよりも早く体外に排出される傾向があります．ビタミンCなどは，食品の保存中や加熱調理の際に破壊されやすい傾向があるため，毎日必要量を摂取することが大切です．そのためにも，以下のような工夫をして，効率的に水溶性ビタミンを摂取しましょう．

(1)野菜や果実を水で洗いすぎない．
(2)生鮮食品は冷蔵保存する．
(3)高温や強い光に当てないように保存する．
(4)少量をこまめに摂取する．

◆ビタミンAを多く含む食品

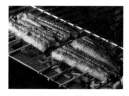 

ウナギ　　　　　　　緑黄色野菜

◆ビタミンDを多く含む食品

しいたけ　　　　　　サケ

◆ビタミンCを多く含む食品

果物　　　　　　　　緑茶

---

**問題の解答**
p.49 クイズ　③
テーマ1　①水　②トリアシルグリセロール　③リン脂質　④コレステロール
テーマ2　①脂肪　②二重　③飽和　④不飽和　⑤乾性
ギャラリー　①固体　②一価　③多価　④液体
p.52 クイズ　固体：①②③⑥　液体：④⑤⑦⑧
p.53 クイズ　②カルシウムと⑤鉄（カルシウムは骨や歯や血液，筋肉などに存在し，不足すると骨密度低下や発育不全につながり，骨粗しょう症の原因となる．また，ナトリウムは生体内で神経伝達などに関与しているが，過剰摂取は高血圧や脳卒中などの原因となる．鉄は不足すると貧血の原因となる．生理のある世代の女性は特に意識して摂取すべき）
テーマ3　①ミネラル　②多量　③微量
テーマ4　①4　②脂溶　③9　④水溶

第**8**章

# 発酵の化学

## *Quiz*

ヨーグルトは，牛乳などに微生物を混ぜあわせて乳酸発酵させた食品です．どんな微生物が
使われるのでしょうか？　　　　　　　　　　　　　　　　　→答えは章末に

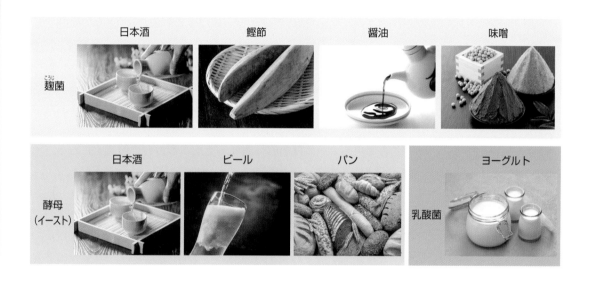

日本酒　　　　　　鰹節　　　　　　醤油　　　　　　味噌

麹菌

日本酒　　　　　　ビール　　　　　　パン　　　　　　ヨーグルト

酵母
（イースト）　　　　　　　　　　　　　　　　　　乳酸菌

漬物以外にも醤油や
味噌も，発酵させて
作っているんだって．

お酒もそうなんだ
よね！

　私たちの食文化には，さまざまな発酵食品があります．発酵食品とは，微生物の力を借りて，
乳，米，豆などの原料の保存性や栄養性，おいしさを向上させた食品です．

　本章では，ヨーグルト，味噌，醤油，お酒，漬物など，身近な発酵食品の製法や特徴および微
生物の役割などについて学習していきましょう．

# お酒ってどうやって作られるの？

$$C_6H_{12}O_6 \xrightarrow{\text{酵母}} 2C_2H_5OH + 2CO_2 + \text{酵母が受け取る}$$

糖分　　　　　　　　　　　エタノール　　二酸化炭素　　　　エネルギー

**図 8.1** アルコール発酵

アルコールは通常，エタノール（エチルアルコール，$C_2H_5OH$）を指し，酒精とも言われます．化学の専門分野では，炭化水素の水素原子をヒドロキシ基（−OH）に置き換えた物質の総称*です．アルコール（エタノール）は，昔から，人々を陽気な気分にさせ，良好なコミュニケーションのための手段として世界中で飲まれています．

アルコール発酵では，糖を【①　　　　】（イースト）によって発酵させ，【②　　　　　】と【③　　　　　】が生成します（**図 8.1**）．

お酒には大きく分けて【④　　　】酒と【⑤　　　】酒があります．

酵母は，【⑥　　】％程度のアルコール濃度になると発酵を停止します．醸造酒は酵母による発酵で製造されるものなので，アルコール度は酵母の限界に近い14％程度までにしかなりません．

さらにアルコール度の高い酒は，蒸留することで製造するため，蒸留酒と呼ばれます．14％程度のアルコール度の原液を加熱して気体にし，その気体を冷やして液体に戻します．そのプロセスを【⑦　　　　】と呼びます．アルコールの沸点は約78℃，水の沸点は約100℃ですので，沸点の低いアルコールのほうが早く気化して回収され，より高濃度のアルコール飲料が作られます（**図 8.2**）．焼酎は25％くらい，ウイスキーやウォッカなどは40％程度になります（**表 8.1**）．

代表的なお酒として日本酒（清酒），ビール，ワインを取り上げます．

*アルコールには，メタノール $CH_3OH$（アルコールランプや固形燃料として使用．毒性あり），エタノール $C_2H_5OH$〔飲酒用や消毒用（第4章 COLUMN2「新型コロナウイルス対策」参照）に使用〕，グリセリン $C_3H_5(OH)_3$〔分子内に3個の水酸基を有する．別名：グリセロール．甘味料，保湿剤，車の不凍液などに使用．油脂の成分であるトリグリセロールの基本骨格で石けん製造時（第4章テーマ1参照）に得られる〕などがある．

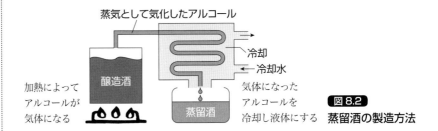

蒸気として気化したアルコール

冷却

冷却水

加熱によってアルコールが気体になる

醸造酒

蒸留酒

気体になったアルコールを冷却し液体にする

**図 8.2** 蒸留酒の製造方法

■ **Topic** ■

肝臓が3時間で分解できる量は次のとおり．
・ビール中瓶1本
・日本酒1合
・ウイスキーダブル1杯
(注) 体重や性別によって個人差がある（p.60参照）．

## ■日本酒

日本酒の原料の米のでんぷんは多糖のため，酵母にとって大きすぎて発酵に使えません．そこで，麹によってでんぷんを【⑧　　　　】しグルコースまで低分子化させたあと，はじめてアルコール発酵が可能となります．麹と酵母を使う2段階のプロセスを踏むので【⑨　　　　　】複発酵といわれます（**図 8.3a**）．

## ■ ビール

ビールは大麦が原料ですが，大麦もでんぷんを含んでいます．大麦は，発芽させた状態（大麦麦芽）になると，大麦自身がもっている酵素によって糖化が進行し，グルコースや麦芽糖（マルトース）が得られます．ビールの場合，麹は不要で，酵母のみの発酵が行えます．これを【⑩　　　　】複発酵といいます（図8.3b）．

## ■ ワイン

ワインの原料であるブドウなどの果物に含まれる糖分は，主にショ糖（砂糖），ブドウ糖（グルコース），果糖の3種類です．つまり，糖化のプロセスは不要で，ブドウのエキスに直接酵母が作用してアルコール発酵が可能です．空気中に浮遊している酵母や，ブドウの皮についている酵母によってもアルコール発酵が進みます．非常にシンプルで，【⑪　　　　】発酵といいます（図8.3c）．原料や製法の違いによって香り，苦味，味，色が異なる多種多様なお酒が造られています．

**表8.1 醸造酒と蒸留酒それぞれのアルコール濃度（度数の高い順）**

| 醸造酒 | アルコール濃度 | 蒸留酒 | アルコール濃度 |
|---|---|---|---|
| 日本酒 | 15% | ウォッカ | 45% |
| ワイン | 12% | ウイスキー | 43% |
| シャンパン | 12% | ブランデー | 43% |
| 紹興酒 | 12% | ドライジン | 40% |
| マッコリ | 7% | テキーラ | 40% |
| ビール | 5% | 焼酎，泡盛 | 25% |
| 発泡酒 | 5% | 酎ハイ（焼酎をソーダなどで割ったもの）7% | |

WORK ▶名前を知っているお酒に色をつけよう！

(a)並行複発酵（日本酒）　糖化とアルコール発酵が同時　米（でんぷん）→ ブドウ糖 → アルコール　糖化（麹）　発酵（酵母）

(b)単行複発酵（ビール）　糖化とアルコール発酵が別々　① 大麦（でんぷん）→ 麦芽糖　糖化（発芽）→ ② 麦芽糖 → アルコール　発酵（酵母）

(c)単発酵（ワイン）　原料にブドウ糖があるため，アルコール発酵のみ行う　ブドウ糖 → アルコール　発酵（酵母）

**図8.3 発酵方法ごとのお酒のちがい**

## *Quiz*

パンを作るとき，1次発酵，2次発酵の工程でパン生地が膨らむのはなぜでしょう？

→答えは章末に

# GALLERY

## ◉ 地域ごとの味噌の種類

　国内の多くの地域では大豆に米麹を加える【①　　　　　】味噌が広く普及しています．九州地方や瀬戸内の西の一部では大豆に麦麹を加える【②　　　　　】味噌が，東海地区では大豆に豆麹を加える【③　　　　　】味噌が主流です．2種もしくは3種を調合した【④　　　　　】味噌も市販されています．味噌の色を作る化学反応をメイラード反応といいます．この反応が充分に起こった味噌ほど濃い色になります．そのため，同じ米味噌でも色に違いや濃淡が生じます．

米味噌圏

豆味噌圏

麦味噌圏

**WORK ▶** 自分の出身県がどの味噌圏にあたるか確かめよう！

薄い色の米味噌（上）と濃い色の米味噌（下）

## COLUMN 1　　アルコールの代謝経路

　アルコールは飲酒後，胃で約20％吸収されます．その後，小腸で残りの約80％が吸収され，さらに肝臓で代謝されていきます．アルコール（エチルアルコール）は，酸化されアセトアルデヒドに変化したのち，さらに酸化し酢酸になり，最終的に水と二酸化炭素（炭酸ガス）になります．お酒を飲むとトイレが近くなり，げっぷやおならが出るのはこのせいです．日本人の場合，アセトアルデヒド分解酵素を遺伝的にあまりもっておらず，欧米人と比べて酒に

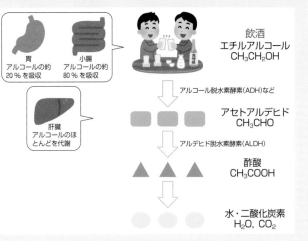

胃
アルコールの約20％を吸収

小腸
アルコールの約80％を吸収

肝臓
アルコールのほとんどを代謝

飲酒
エチルアルコール
$CH_3CH_2OH$

アルコール脱水素酵素(ADH)など

アセトアルデヒド
$CH_3CHO$

アルデヒド脱水素酵素(ALDH)

酢酸
$CH_3COOH$

水・二酸化炭素
$H_2O$, $CO_2$

弱い人が多いことが知られています．アセトアルデヒドは体内で分解されないと，頭痛や吐き気といった二日酔いの症状をもたらします．「酒は百薬の長」という言葉があります．適量の飲酒は血圧を一時的に低下させる効果もありますが，飲みすぎは体を害します．適度な飲酒を心がけることが大切です．

## ◉ 乳酸発酵食品

　乳酸菌でなじみ深い食品は，牛乳から作られるヨーグルトでしょう．牛乳に含まれる乳糖（ラクトース）やグルコースを，動物性の乳酸菌が【⑤　　　　】発酵することでつくられた乳酸により酸味が生じます．牛乳に含まれるカゼインというたんぱく質は，酸性条件で変性し，液体の牛乳がゲル状のヨーグルトになります．

　漬物は，空気中の乳酸菌が野菜に入り込み，野菜の糖分を分解してうま味や独特の香りを出した食材です．乳酸発酵が進みすぎると，乳酸や【⑥　　　　】が増えて酸味の強い漬物になります．

　岐阜県の飛騨地方では，漬物ステーキというものがあります．発酵が進みすぎてすっぱくて食べにくくなった漬物を，鉄板で焼いて卵でとじ，きざみのりや鰹節をかけたものです．乳酸や酢酸は低分子で熱すると気化し，酸味がなくなり，卵のまろやかさでとてもおいしくなります．この料理は，冬に凍ってしまった漬物を融かすために考案されたともいわれています．

【⑦　　】性乳酸菌によるヨーグルト

【⑧　　】性乳酸菌による漬物

漬物ステーキ

### COLUMN 2　　納豆とわらの関係

　現在，工業レベルで大量に発酵食品を製造するために，酵母や麹，乳酸菌など発酵に必要な菌株を各社が大切に維持管理しながら製造過程で使用しています．しかし，発酵食品はもともと，空気中の浮遊菌や植物などに存在する菌によって作られました．その産物として，発酵食品の恩恵を享受することができたのです．

　納豆は，現在では発泡スチロールの四角い容器に入れて販売されていますが，元々はわらに入れられていました．実は，枯草菌の一種である納豆菌は稲わらの中に含まれています．蒸した大豆を煮沸消毒し，納豆菌以外の雑菌を高熱殺菌したわら〔納豆菌は高温でも不活化しないカプセルのような胞子（芽胞）を作り，耐熱性がある〕の中に入れ，わらに存在する納豆菌で発酵させることによって納豆ができあがります．

# テーマ2　調味料はどうやって作られるの？

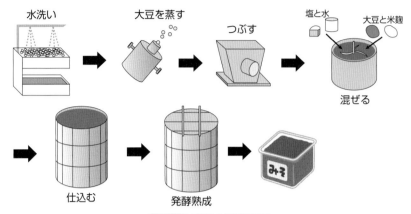

水洗い　　大豆を蒸す　　つぶす　　塩と水　大豆と米麹

混ぜる

仕込む　　発酵熟成

**図8.4** 味噌の製造工程

WORK ▶ 発酵が行われているところを囲んでみよう！

## Topic

私たち人間にとって有用な微生物の増殖を「発酵」と呼び，有害な微生物の増殖を「腐敗」と呼ぶ．微生物にとっては，発酵も腐敗も自分自身の子孫を増やすため〔自分の遺伝子（DNA）を継承するため〕の活動である．しかし，病原性大腸菌O-157，赤痢菌，コレラ菌などが混入した食品を摂取することによって，下痢や嘔吐の症状が現れることや，死に至ることもある．

### ＊麹菌と麹・糀

麹菌は，日本特有の菌で，国菌にも指定されており，「ニホンコウジカビ」ともいう．学名は，*Aspergillus oryzae*（アスペルギルス・オリゼ）である．麹・糀とは，麹菌によってお米など有機物が分解されたものを指す．「麹」はすべての麹に使われる言葉である（米麹，麦麹，豆麹など）．一方，「糀」は米コウジのみを指す．

### ＊プロテアーゼ

たんぱく質をペプチドやアミノ酸に分解する酵素．

### ＊グルタミナーゼ

アミノ酸であるグルタミンからうま味成分であるグルタミン酸を作り出す酵素．

### ＊ペプチド

アミノ酸が50個以上つながったものをたんぱく質というが，アミノ酸が2～49個つながっている場合，ペプチドと呼ぶ．アミノ酸2個のペプチドはジペプチド，アミノ酸3個のペプチドはトリペプチドという．

### ＊アミラーゼ

でんぷんをデキストリンやグルコースに分解する酵素．

## ■ 味噌

　日本食に味噌は欠かせません．味噌の作り方は，原料の大豆，米，麦をよく洗い水に浸漬し，蒸して柔らかくします．米または麦に麹菌＊を混ぜ合わせ，【①　　　】麹（麦麹）を作ります．米麹（麦麹），大豆，塩を混ぜたのち発酵樽で数か月熟成させると，味噌ができあがります（**図8.4**）．味噌ができるまでの過程には，非常に巧妙な発酵過程やさまざまな化学反応が起こります（**表8.2**）．また，味噌に入れる塩には，塩味をつける役目だけでなく，塩に弱い雑菌を抑える【②　　　】効果や，耐塩性の有用微生物の増殖助長効果があります．

### 表8.2 味噌を作る化学反応

| 色 | アミノ酸と糖類が反応するメイラード反応により褐色物質を生み出す． |
|---|---|
| 香り | 酸とアルコールが反応して香り成分であるエステルが作られる（第2章参照）． |
| うま味，コク | 大豆を蒸すことで水に溶けやすい可溶性たんぱく質ができる．麹菌が産出するプロテアーゼ＊，グルタミナーゼ＊の働きでうま味成分であるペプチドや【③　　　】酸が作られる． |
| 甘味 | 米や小麦に含まれるでんぷんは，麹菌が有するアミラーゼ＊によって【④　　　】などになる． |

## ■ 醤油

　醤油の製造方法は，大豆をつぶし，種麹を加え，さらに塩を加え発酵熟成するまでは味噌の製法とほとんど同じです．その後，絞り機で液体を絞って得た液体が醤油の原液になります．味噌と同様に，麹菌がもつさまざまな酵素による化学反応でうま味やコクなどが作り出されます．

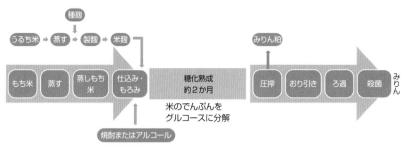

**図8.5 みりんの製造工程**

WORK ▶ 酵母によるアルコール発酵を止めるために，どこでアルコールを入れるか確かめよう！

## ■ みりん

みりんは，煮物や麺つゆ，蒲焼のタレや照り焼きのつや出しに使用されます．市販されているみりんには，本みりん，みりん風調味料，みりんタイプ調味料（発酵調味料）があります．

本みりんと呼ばれる本来のみりんは，甘味のある黄色の液体で約40〜50％の糖分と約【⑤　　】％程度の【⑥　　　　　】を含有します．麹菌に由来するアミラーゼの作用により，もち米のデンプンが【⑦　　】され，甘みが生じています．また，麹菌が産出するプロテアーゼにより作られたペプチドやアミノ酸が独特のコクを生み出します．

麹のアミラーゼによって米が糖化したグルコースなどが，空気中に浮遊する酵母の作用で発酵するのを抑制するため仕込みの段階で前もってアルコール（焼酎）が添加されます（**図8.5**）＊．グルコースが発酵してアルコールになると甘味がなくなるからです．本みりんには約14％のアルコールを含むため，酒税がかかります．

## ■ 酢

酢は，お酒から【⑧　　　　】菌によって作られます．アルコールは通常の酸化プロセスだとアセトアルデヒドから酢酸へ酸化されていきますが（p.60 COLUMN1 参照），酢酸菌は，アルコールを一気に酢酸へ酸化することができます．酢には，お米から作る米酢や果実から作る果実酢など，さまざまな種類があります（**図8.6**）．

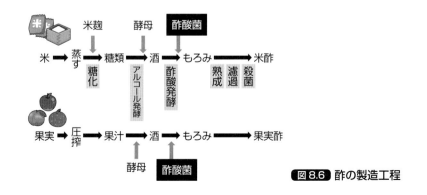

**図8.6 酢の製造工程**

Topic

みりんタイプ調味料（発酵調味料）は，本みりんに水あめや塩を加えたもので，塩味が強く飲酒には適さないため酒税はかからない．

みりん風調味料は，水あめなどの糖類にうまみ成分や香料などを調合することにより，甘味のあるみりんによく似た液体調味料で，アルコール分をほとんど含まない．

＊酵母は，アルコールが14％程度存在すると発酵できない（p.58テーマ1参照）．なお，本みりんのアルコール成分は製造工程中に発酵してできたものではなく，醸造アルコールを添加したものである．

Topic

### 酒から作る酢

$$C_2H_5OH \xrightarrow{O_2 \quad H_2O} CH_3COOH$$
エチルアルコール　酢酸菌　酢酸
**酢酸発酵**

「酢」という漢字は「酒」と「作る」の漢字から作られているように，清酒から米酢が，ワインからワインビネガーが，ビールからはモルトビネガーができる．

## 8章で学んだこと

● 醤油，味噌，酒などの調味料は，微生物の働きによる化学反応を利用して作られる．

● 味噌や醤油の原料である大豆のたんぱく質や，小麦のでんぷんから，麹菌が出すプロテアーゼやアミラーゼによってアミノ酸や糖分が作られ，味や色や香りを生み出す．

● アルコール発酵は，酵母の働きによって糖分からエタノールと炭酸ガスが生成する反応である．

## 実用知識　発酵食品と微生物の働き

　微生物の働きによって，さまざまな発酵食品が作られます．微生物が出す酵素は，たんぱく質やでんぷんなどの高分子化合物を分解し，食品のうま味や糖分を増して保存性を高めるほか，アルコールなどを生成します．

　このように私たちの生活に欠かせない重要な食材が開発されてきました．発酵食品について，その製造工程で重要な働きをする微生物や微生物由来の酵素の役割を表に整理しました．

手のひらの上にあるのは，乾燥酵母．これを用いて日本酒を製造する．

| 微生物と発酵食品名 | |
| --- | --- |
| 動物性乳酸菌 | チーズ，ヨーグルト，なれずし |
| 植物性乳酸菌 | 漬物 |
| 麹菌 | 味噌，醤油，みりん，お酢（酢酸菌），鰹節，日本酒 |
| 酵母 | パン，ビール，日本酒，ウイスキー，ワイン |
| 納豆菌 | 納豆 |

| 微生物と酵素の役割 | |
| --- | --- |
| 乳酸菌 | 乳酸を産生しpHを下げる．酸味を出す |
| 麹菌 | プロテアーゼ（たんぱく質をペプチドやアミノ酸に分解），グルタミナーゼ（グルタミンからうま味成分であるグルタミン酸を生成）でうま味を出す |
| 麹菌 | アミラーゼ（でんぷんをグルコースに分解）で糖質を作り甘くする |
| 酵母（イースト） | グルコースをアルコールと炭酸ガスに分解する |
| 酢酸菌 | アルコールを酸化しアセトアルデヒドを経由せず酢酸を生成する |

**問題の解答**

p.57 クイズ　乳酸菌

テーマ1　①酵母　②エタノール　③二酸化炭素　④醸造　⑤蒸留　⑥15　⑦蒸留　⑧糖化　⑨並行　⑩単行　⑪単

p.59 クイズ　解答例：パン生地の糖分がパン酵母（イースト）によってアルコール発酵され，アルコールとともに出てくる炭酸ガス（二酸化炭素）のためパン生地が膨らむ（**図8.1**）．この発酵プロセスを怠るとふっくらとした柔らかいパンはできない．（イーストの発酵で生成したアルコールは沸点が約78℃であり，180℃以上の高温でパンを焼成するため気化し，子どもが食べても何も問題がない）

ギャラリー　①米　②麦　③豆　④調合　⑤乳酸　⑥酢酸　⑦動物　⑧植物

テーマ2　①米　②防腐　③アミノ　④グルコース　⑤14　⑥アルコール　⑦糖化　⑧酢酸

# 第9章

# 水の化学

## *Quiz*

味噌汁を飲んで，舌をやけどしてしまったことはありませんか？
沸騰した味噌汁の温度は何度でしょうか？

① 90℃　② 100℃　③ 100℃以上　[　　　]→答えは章末に

## *Quiz*

水を入れた紙コップに，ガスバーナーの炎が直接あたるようにして温めます．紙コップはどうなるでしょう？

①紙コップは燃える　②紙コップは燃えない　[　　　]→答えは章末に

氷（固体）

水（液体）

水蒸気（気体）

どうして水は
そんなに特別な
物質なのかな？

私たちが水と
触れる機会は
とても多いよね.

　私たちの体の成分のうち，最も多いのは水です．成人男性の体の成分は約60％が水分で，たんぱく質，脂質がそれぞれ約20％です．また，1人の人間が1日に，体に取り込んだり体から出たりしている水の量は，約2.5 Lです．

　水は，私たちが生きていくうえで欠かせない物質です．必要な水が確保できなければ，私たちの命は危険にさらされます．この章では，そんな大切な水が，液体や固体や気体などに変化するしくみや，その特徴，さらには蒸気圧や浸透圧などの現象について学習しましょう．

食
食べる

# 水の分子って？

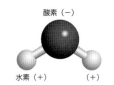
酸素（−）
水素（＋）　　（＋）

**図9.1** 水（H₂O）分子

**＊電気陰性度**
各原子がマイナスの性質をもつ電子を引っ張る力の度合.

**＊分子間力**
分子間力には，①ファンデルワールス力（分子どうしの引力．分子が大きいほど大きくなる），②極性引力（極性分子どうしが引きあう力），③水素結合（電気陰性度が非常に大きいF，O，N原子とH原子が引きあう力）がある．分子を形成する原子どうしの共有結合やイオン結合などと比べて弱いが，沸点や融点など分子の性質に大きく関与する（**図9.2**，**表9.1**参照）.

水素
炭素

**図9.3** メタン(CH₄)分子

**Topic**
都市ガスの約90％はメタン.

**表9.1** 炭化水素と水の比較

| 物質名 | 化学式 | 分子量 | 沸点（℃） |
|---|---|---|---|
| メタン | CH₄ | 16 | − 162 |
| エタン | C₂H₆ | 30 | − 88.6 |
| プロパン | C₃H₈ | 44 | − 42.1 |
| ブタン | C₄H₁₀ | 58 | − 0.5 |
| ペンタン | C₅H₁₂ | 72 | 36 |
| ヘキサン | C₆H₁₄ | 86 | 69 |
| ヘプタン | C₇H₁₆ | 100 | 98 |
| オクタン | C₈H₁₈ | 114 | 125 |
| 水 | H₂O | 18 | 100 |

## ■ 水分子の構造

水の分子式は，【①　　　　　】です．1個の酸素に2個の水素が結合した分子です（**図9.1**）.

酸素と水素を比べると，酸素のほうが電気陰性度＊が高く，電子を引き付けるので，分子の中で弱いマイナス（−）の性質をもちます．一方，水素は酸素に電子を引っ張られて電子不足になり，分子の中で弱いプラス（＋）の性質をもちます．このように，ひとつの分子の中に電荷の偏りがあることを【②　　　　　】といいます．また，分極している分子を【③　　　　　】分子といいます.

磁石のN極とS極のように，プラスとマイナスも，互いに引き付けあいます．水は極性分子で，弱い負電荷（マイナス：酸素側）と弱い正電荷（プラス：水素側）をもつため，別の水分子と弱く結合します．この結合は，水素を介した結合なので，【④　　　　　】結合といいます（**図9.2**）．分子どうしが引きあう力を分子間力＊といいます.

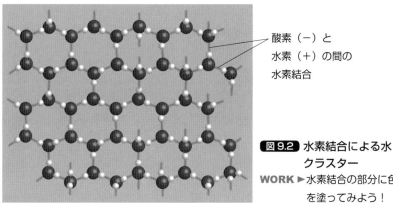

酸素（−）と
水素（＋）の間の
水素結合

**図9.2** 水素結合による水クラスター
**WORK** ▶水素結合の部分に色を塗ってみよう！

## ■ 水の沸点

水（H₂O）は，分子量が18（H：1×2＋O：16×1）で，とても小さな物質です．しかし，水素結合があるために，大きな物質のようなふるまいをします.

都市ガスの主成分のメタンCH₄の分子量は16です（**図9.3**）．メタンの沸点が【⑤　　　　　】℃であるのに対して，水の沸点は【⑥　　　　　】℃です．メタンは低温でも気体ですが，水は100℃にならないと沸騰しません．分子量は同じくらいなのに，沸点は水のほうが驚異的に高くなっています．水の沸点は，**表9.1**のとおり，分子量100のヘプタンとほぼ同じです.

これは，水の分子どうしが水素結合によって引きあっていて，ばらばらになりにくく，水クラスターを形成しているからです（**図9.2**）.

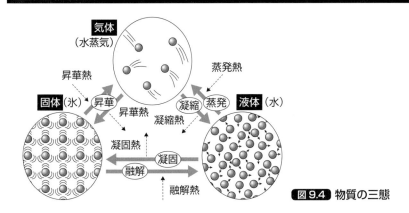

テーマ2　どうして水は氷や水蒸気になるの？

図9.4 物質の三態

## ■ 固体，液体，気体

物質には，【①　　　】，【②　　　】，【③　　　】の三態が存在します．

固体は低温状態で，物質を構成する分子の熱運動が小さいため，分子は分子間力によりほぼ固定され，わずかに振動するだけです．

液体は，固体より高温で，分子の熱運動が大きくなります．分子間で引きあうので一定の体積内を保ちますが，移動して位置を変えることができます（水はどんな形の容器にも収まりますね）．一般的に，固体より体積が10％程度増えます*．

気体はさらに高温で，分子の熱運動が激しいため，分子間力を振り切って，広い空間を自由に飛び回るようになります*．

## ■ 状態変化

固体である氷が融けると，水（液体）になります．固体が液体になる温度を【④　　　】といいます．さらに熱が加わって100℃になると沸騰し，水蒸気（気体）になります．液体が気体になることを蒸発といい，そのときの温度を【⑤　　　】といいます．

気体が固体，もしくは固体が気体になることを【⑥　　　】と呼びます．【⑦　　　　　】は，二酸化炭素を冷やして作った固体ですが，液体にならずに昇華して気体に変化します．その気体は非常に低温で，空気中の湿気（水蒸気）を冷やして白い煙のようにすることから，コンサートなど舞台の演出（白煙）に利用されています．

氷（固体）が水（液体）になるのに必要な熱量（エネルギー）が【⑧　　　】熱です．反対に，水（液体）が冷えて氷（固体）になるときに出る熱量（エネルギー）を【⑨　　　】熱といいます．液体が気体になるのに必要な熱量（エネルギー）を【⑩　　　】熱，気体が液体になるときに出る熱量（エネルギー）を【⑪　　　】熱といいます．

### ＊氷の体積
水は例外的に，液体の水より固体の氷のほうが体積が大きい．

### ＊気体の拡散
気体分子は容器に入れておかないと拡散する．沸騰したやかんから水蒸気は部屋中にどんどん飛び出していく．

### ■■■ Topic ■■■
水が水蒸気になると体積は約1,700倍になる．この体積差を使って，エネルギーに変換するのが蒸気機関である．これによって18世紀半ばに産業革命が起こった．

### ■■■ Topic ■■■
水蒸気は気体なので目に見えない．やかんの口から白い湯気が出ているように見えるのは，熱い水蒸気が空気中で冷やされて水のつぶになったものである．また，氷から出ている白い煙のようなものは，空気中の水蒸気が氷に冷やされて水のつぶとなって霧のように見えるものであり，昇華ではない．

### ■■■ Topic ■■■
昇華を利用した身近なものに防虫剤がある．防虫剤の成分であるナフタレンは，タンスの中で固体から気体に昇華し，衣類を虫から守る．また，昇華した気体は空気より重いので，防虫剤は衣類の上に置くほうが効果的である（第3章参照）．

# GALLERY

## ◉ 地球上の利用可能な水

地球の表面は約2/3（約14億km³）が水で覆われています．その水のうち約97.5％は海水なので飲料水として使えず，残る約2.5％の淡水のうちの大部分が南極・北極にある氷や氷河で，飲料水とするのは困難です．これらを除いた約0.8％は地下水などで，人がすぐに飲むことができる川や湖沼などの水は約【①　　　】％（約10万km³）です．しかし，大人ひとりの人間の体は（飲料水だけでなく食事から得られる水も含めて）毎日約【②　　　】Lの水を必要とします（日本人は，洗濯や調理やお風呂，トイレなどの生活用水を1日約【③　　　】L使用しているそうです）．飲むことができる安全な水を入手できるのは先進国を中心とした限られた地域だけで，安全な水にアクセスできない人が【④　　】億人もいます．日本ほど安全な水を大量に消費できる国は，世界でも少ないのです．

※安全に管理された飲料水サービスを使用している人口の割合

■ >99％
■ >76〜99％
　 >51〜65％
　 >26〜50％
■ >0〜25％

117か国における安全に管理された飲料水の推定値（2017年）
WHO/UNICEF JMP，家庭用飲料水，衛生および衛生に関する進捗状況 2000–2017（2019）．

南極大陸

アイスランドの氷河

---

**COLUMN 1**　　　　　基本単位として利用される水

水は，生きていくためになくてはならない重要な物質です．私たちは，水の特性を基本単位としても利用しています．

**温度**：水の融点を0℃（厳密には0.002519℃）とし，沸点を100℃（厳密には約99.9743℃）と決め，それを100等分したものが1℃という単位です．

**熱量**：水1gを1℃上昇させるのに必要な熱量を1カロリーとしています．熱量1カロリーは

温度計

4.184ジュールですが，水を基準としたカロリー計算のほうがわかりやすく，日常生活では調理や食品のカロリー計算に使われます．

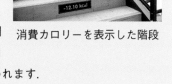

消費カロリーを表示した階段

**密度**：4℃の水は，1g/mL（厳密には，水が最大密度となる3.984℃のときの1cm³の水の質量は0.99997495g）とされています．

## ● アイスクリームの作り方

　真水は【⑤　　】℃で凍ります．しかし，氷と食塩を4対1程度の比率で混ぜると，凝固点降下という作用（p.70参照）により，【⑥　　】℃まで温度を下げることができます．−21℃の氷浴を使えば，冷凍庫を使わなくてもアイスクリームを作ることができます．

　レシピの一例を紹介します．ボウルに入れた卵の黄身（2個）とグラニュー糖（30g）を泡だて器でよくかき混ぜます．生クリーム（200cc）とバニラエッセンス（少々）を加え，さらに空気を入れながら泡立て器でよく混ぜます．氷と食塩を4対1の割合でボウルに入れ，−21℃にしたボウルの上で，上記混合物の入ったボウルをさらに泡立て器でよくかき混ぜれば，アイスクリームの完成です．

卵黄と砂糖をまぜる

バニラアイス

塩と氷でアイスクリームができる!?　冷蔵庫を使わずにアイスクリームをつくろう
https://www.meiji.co.jp/
meiji-shokuiku/homework/
experiment/icecream/

---

**COLUMN 2**　　　　　　　　人工透析

　腎臓には，血液をろ過し，老廃物や塩分を尿として排出する機能があります．その機能が低下してしまうと尿が出なくなり，老廃物などが体に蓄積し，尿毒症になります．腎臓の機能低下を克服するために，p.71で学ぶ半透膜の機能を利用した「人工透析」が行われます．

　人工透析は「ダイアライザー」という装置で行われます．血液の流れと逆に透析液を流しながら，血液の成分のうち老廃物であるカリウムやナトリウムやリンなど低分子物質を半透膜から追い出します．一方，体に必要な赤血球，白血球，た

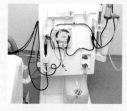

ダイアライザー

んぱく質は高分子物質ですので半透膜から抜け出さず体に戻されます．このように，人工的に腎臓の機能を代替しています．ナメクジさんの原理で命を守っています（p.71参照）．

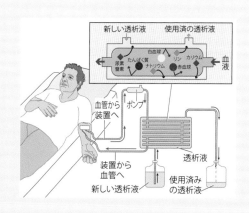

## テーマ3　沸点や融点が変わるのはなぜ？

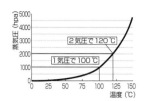

**図9.5** 水の蒸気圧曲線

■ Topic ■
高さ3,776 mの富士山頂の気圧は常圧の約60％なので，水の沸点は85〜90℃になる．富士山頂で100℃のお湯がほしいときには圧力鍋をもっていくと可能となる．だが，圧力鍋は重いので携帯は勧められない．

＊溶解熱
物質が溶けるときに発生する発熱（放出）または吸熱（吸収）する熱量．

■ Topic ■
金属の融点は非常に高いが，合金にすると融点（＝凝固点）が下がる．鉛の融点は327℃，スズは231℃だが，鉛とスズの合金（4：6の割合）であるはんだの融点は，約180℃になる．

■ Topic ■
エンジンの冷却水に水を使うと凍結して循環せず，冷却できない恐れがある．不凍液としてエチレングリコールなどを水に混ぜるのは，凝固点降下を利用して液体の状態を維持し，循環させるためである．

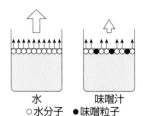

**図9.7** 味噌汁の表面

### ■ 圧力と沸点

　水の沸点は常圧〔気圧が1気圧（1013 hpa）のとき〕で100℃ですが，圧力が変わると変化します．図9.5の水の【①　　　　　】曲線のように，圧力を上げると水の沸点は100℃を超えてどんどん高くなります．圧力を2倍の2気圧にすると水の沸点は約120℃になります．その原理を利用したのが【②　　　　　】です．圧力鍋を利用すると，短時間で，柔らかく味のしみた料理ができるのは，高温・高圧下で，野菜の細胞壁や肉の繊維質が破壊され，調理液がよくしみ込むためです．

### ■ 凝固点降下

　食塩水溶液は，水分子と塩化物イオンとナトリウムイオンが引きあうことで，水分子どうしが引きあう（凝固する）のを妨害し，凍りにくくなり，0℃で固まりません．こうした現象を【③　　　　　】降下といいます（図9.6）．

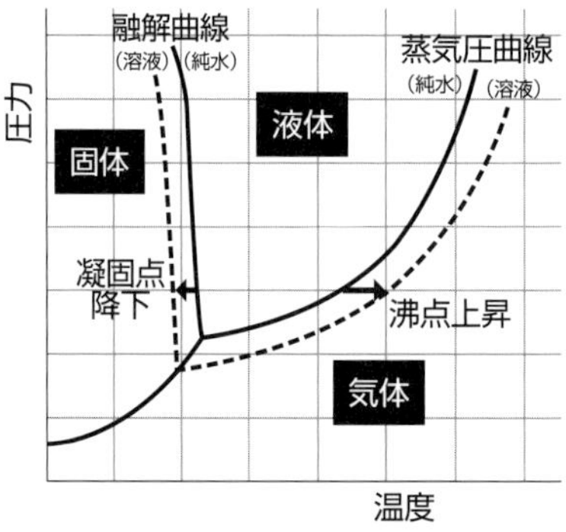

　その原理を利用したのが，雪道に散布する融雪剤です．塩化カルシウム（$CaCl_2$）などの安価な塩が使われます．塩化カルシウム（$CaCl_2$）は，水に溶けると1個の$Ca^{2+}$と2個の$Cl^-$に電離するので，水中の粒子数が増え，凝固点降下します．さらには，水に溶ける際の溶解熱＊による発熱で雪を融かします．

**図9.6** 物質の状態図

### ■ 沸点上昇

　煮立った状態の味噌汁やカレーを食べると，舌をやけどすることがあります．これは，溶質が溶け込んで【④　　　　　】上昇し，100℃以上になっているからです．

　味噌汁を沸騰させると，溶質分子である味噌（気体にならない固体）が表面の一部を覆います．水分子は，水蒸気（気体）になりたいものの溶質分子（味噌粒子）に表面をふさがれ，外に逃げられなくなります．ふたのような溶質分子を押しのけて外に飛び出すためには，さらに高温になる必要があります．このように，100℃以上にならないと水分子が気体になって外に飛び出せないので，沸点が上昇するのです（図9.7）．

　物質の状態図を見ると，一定温度のとき溶液は純水と比べ蒸気圧が下がり（蒸気圧降下），一定圧力のとき純水と比べて沸点が上がる（沸点上昇）ことがわかります（図9.6）．つまり沸騰しにくくなります．

## テーマ4　ナメクジに塩をかけると小さくなるのはなぜ？

ナメクジは一定量の塩をかけられると，死んでしまいます（図9.8）．塩をかけられたナメクジの表皮の膜の外側は塩分濃度が高くなる一方で，ナメクジ体内（膜の内側）は塩分濃度が低いため，外と内を同じ濃度にしようとする働きによって，水分子がどんどん体内から体外へ移動してしまうからです（脱水）．なぜ，塩が体内に移動するのではなく，水が外へ移動するのかというと，ナメクジの表皮の膜の穴は，小さな水分子は通しますが，ナトリウムイオンおよび塩化物イオンはその穴より大きいので，膜を通過できないからです．

このように一定の大きさの穴があり，その穴を通過できる大きさの分子だけを通す膜を【①　　　　】膜といいます．それに対し，ビニール袋のように水も溶質も一切通さないものを【②　　　　】膜，ろ紙のように溶媒も溶質も通す大きな穴がある膜を【③　　　　】膜といいます．

半透膜は，小さい分子のみ通過させます．したがって，図9.9のように，薄い液は水分子が移動して液面が下がります．この液面差をゼロにするには，液面に圧力をかけなくてはいけません．その圧力を【④　　　　】圧といいます．水は浸透圧の低いほうから高いほうに移動します．

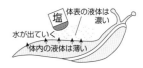

図9.8 ナメクジの脱水

**Topic**
濃い液に圧力をかければ，水分子は半透膜を通過して逆に移動する．これを逆浸透（Reverse Osmosis）といい，その膜をRO膜という．RO膜を利用すれば，海水から真水が作れたり，果汁の水を追い出して果汁成分を濃縮した濃縮還元ジュースが作れたりする．

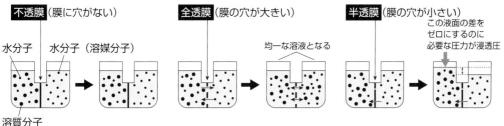

図9.9 半透膜と浸透圧

細胞内より細胞外の濃度が薄いと，細胞内へ水が入って，細胞の体積が膨張します．このような溶液を【⑤　　　　】液といいます．細胞内より細胞外の濃度が濃いと，細胞内から水が出ていき（脱水），細胞の体積は減少します．このような溶液を【⑥　　　　】液といいます．ナメクジと塩の関係は，高張液による脱水です．細胞の溶液と浸透圧が等しい溶液を【⑦　　　　】液といいます（図9.10）．

図9.10 細胞と周りの溶液
水は濃度の薄いほうから濃いほうへ移動する．

**Topic**
塩分濃度がヒトの血液や体液と等しくなるよう，1Lの蒸留水に9gの塩化ナトリウムを加えた食塩水が生理食塩水（濃度は0.9％）．

**Topic**
アイソトニック飲料は，生理食塩水と同じ濃度に調整した飲み物．安静時の体の浸透圧にほぼ等しい（等張液）．ハイポトニック飲料は，安静時の体液より浸透圧が低い（低張液）ので，スポーツ後の水分補給が迅速にできる．

## 9章で学んだこと

● 水は分子量18と低分子にもかかわらず，沸点が極端に高く100℃であるのは，水素結合による．

● 物質には固体，液体，気体の三態がある．

● 圧力鍋は沸点上昇の原理を，融雪剤は凝固点降下の原理を利用している

● 半透膜は，一定以下のサイズの分子のみを通す膜で，人工透析などに利用されている．

**実用知識**

# 硬水と軟水

水の硬度を表す方法は国により異なりますが，日本やアメリカでは，カルシウムとマグネシウムの量を炭酸カルシウム量（$CaCO_3$）に換算したものを硬度とし，mg/Lで表します．一般に以下の計算式を用います．

硬度［mg/L］＝（カルシウム量［mg/L］× 2.5）＋（マグネシウム量［mg/L］× 4.1）

一般的には，100 mg/L以下の水を「軟水」，100〜300 mg/Lの水を「中硬水」，300 mg/L以上を「硬水」といいます．WHO（世界保健機関）の基準では，硬度が120 mg/L以下が「軟水」，120 mg/L以上が「硬水」です．日本の水道水の硬度は60 mg/L前後で，軟水です．一方で，ヨーロッパは硬水が多い地域です．

地中にしみ込んだ雪や雨水が地層中を通過する際に水にミネラルが溶け込み，そのミネラルの濃度が土地ごとによって違ってくるわけです．

軟水は，口あたりが柔らかくさっぱりしています．緑茶の色や風味，料理のうまみ成分が出やすく，日本食に適します．石けんが泡立ちやすいのも特徴です．一方，硬水は，のどごしが硬く，飲みごたえがあります．肉を煮る際に灰汁（あく）が出て肉を柔らかくするので，肉の煮込み料理やスープに向きますが，緑茶や和食にはあまり適しません．

硬水と石けん［$(RCOO)_2Na$］を混ぜあわせると，カルシウムとマグネシウムが石けんと結合し，金属石けん［$(RCOO)_2Ca$ や $(RCOO)_2Mg$］ができます．この反応は，石けんが油の汚れにつくよりも先に起きます．できてしまった金属石けんは水に溶けず洗浄力がありません．洗濯物についている細かい白い粉は，この不溶性の金属石けんです．このため，硬水で洗濯をする場合は，硬水に適した石けんや洗剤を選んだり，使用量を少し多めにするなどの注意が必要です．

$$2RCOONa \; + \; Ca^{2+} \longrightarrow (RCOO)_2Ca \; + \; 2Na^+$$

（石けん：水に溶ける）（金属石けん：水に溶けない）

蛇口の金属部分に付着した金属石けん

---

**問題の解答**

p.65 クイズ　③100℃以上〔「味噌」という溶質が溶け込んだ味噌汁は，沸点が100℃より高くなる（p.70 **図9.7** 参照）〕
　　　②燃えない（紙が燃える温度は約300℃だが，水の沸点は100℃であるため，水がコップに残っている限り，温め続けても100℃以上にはならず，紙コップは燃えない）

テーマ1　①$H_2O$　②分極　③極性　④水素　⑤−162　⑥100

テーマ2　①固体　②液体　③気体　④融点　⑤沸点　⑥昇華　⑦ドライアイス　⑧融解　⑨凝固　⑩蒸発　⑪凝縮

ギャラリー　①0.01　②2.5　③214　④22　⑤0　⑥−21

テーマ3　①蒸気圧　②圧力鍋　③凝固点　④沸点

テーマ4　①半透　②不透　③全透　④浸透　⑤低張　⑥高張　⑦等張

# 第10章

# 金属と文明の化学

## Quiz

下の写真のすべてに使われている金属はどれでしょうか？

①ニッケル　②スズ　③銅　④鉄　⑤亜鉛

→答えは章末に

わたしたちの身のまわりではどんな金属が多く使われているんだろう？

使われやすい金属は，使われやすい理由があるのかもね!?

　人類は，大昔から鉄や銅を利用して文明を築きあげてきました．身の回りでも，鉄や銅が入った合金がさまざまなところで利用されています．本章では，鉄や銅の特徴や，産業における利用状況などを学んでいきましょう．

# テーマ1 身近な金属「鉄」と「銅」について知りたい！

**表10.1** 鉄と銅の産出量，埋蔵量

**(a) 鉄**

| 順位 | 国名 | 産出量<br>（百万トン） | 埋蔵量<br>（百万トン） |
|---|---|---|---|
| 1 | 中国 | 1,510 | 7,200 |
| 2 | オーストラリア | 774 | 24,000 |
| 3 | ブラジル | 411 | 12,000 |
| 4 | ロシア | 102 | 14,000 |
| 5 | 南アフリカ | 81 | 650 |
| 6 | ウクライナ | 68 | 2,300 |
| 7 | 米国 | 56 | 3,500 |
| 8 | カナダ | 44 | 2,300 |
| 9 | スウェーデン | 37 | 2,200 |
| | 全世界 | 3,420 | 85,000 |

**(b) 銅**

| 順位 | 国名 | 産出量<br>（千トン） | 埋蔵量<br>（千トン） |
|---|---|---|---|
| 1 | チリ | 5,750 | 210,000 |
| 2 | 中国 | 1,760 | 30,000 |
| 3 | ペルー | 1,380 | 82,000 |
| 4 | 米国 | 1,360 | 33,000 |
| 5 | コンゴ民主共和国 | 1,030 | 20,000 |
| 6 | オーストラリア | 970 | 88,000 |
| 7 | ロシア | 742 | 30,000 |
| 8 | ザンビア | 708 | 150,000 |
| 9 | カナダ | 695 | 11,000 |
| | 全世界 | 18,500 | 720,000 |

アメリカ地質調査所「ミネラルコモディティサマリーズ2016 銅・鉄 世界の産出量と埋蔵量2014年」より．

**WORK** ▶南半球の国に色を塗ろう！

## ■ 鉄（元素記号：Fe，原子番号：26）

鉄は安価で加工しやすく，強度もあるため，身の回りに最も多く存在する金属です．人類が利用している金属の【① 　　　】％を鉄が占め，金属生産量は第1位です．その量は第2位アルミニウムの30倍です．

## ■ さびやすい鉄

純粋な鉄には白い金属光沢がありますが，湿った空気中では【② 　　　】して，$Fe_2O_3$（【③ 　　　】さび）を生じ，褐色に見た目が変化します．鉄は水素より【④ 　　　】傾向が大きく，酸性条件でイオン化*しやすい性質をもちます（第1章，第14章参照）．

水と酸素から発生する水酸化物イオン（$OH^-$）と鉄（Ⅱ）イオン（$Fe^{2+}$）から水酸化鉄（Ⅱ）〔$Fe(OH)_2$〕が生成し，さらに水酸化鉄（Ⅱ）が酸化すると酸化鉄（Ⅲ）（$Fe_2O_3$）になり，赤さびが生じます．

**図10.1**や反応式からわかるように，鉄が水と酸素に触れなければ，さびは発生しません．海水の塩化ナトリウム（NaCl）によっても鉄はイオン化します．電気の流れやすい洗濯機や電車の線路もイオン化しや

---

### ■ Topic
赤さびは鉄をもろくするが，黒さびは高温で鉄の表面を酸化させコーティングすることにより金属内部の腐食を食い止める．鉄瓶や和包丁は，黒さびを利用して赤さびの発生を防いでいる（第13章参照）．

### ＊鉄のイオン化
鉄原子から電子を放出して陽イオン（$Fe^{2+}$）になり，水酸化物イオン（$OH^-$）などの陰イオンと結合しやすくなる．

### ■ Topic
日本の鉄鋼年間生産量約2億トンの約1割がさびとして失われ，GDPの約1.8％の損失があるといわれている．

---

$$2Fe \longrightarrow 2Fe^{2+} + 4e^-$$
$$O_2 + 2H_2O + 4e^- \longrightarrow 4OH^-$$
$$2Fe^{2+} + 4OH^- \longrightarrow 2Fe(OH)_2$$
$$2Fe(OH)_2 + H_2O + \tfrac{1}{2}O_2 \longrightarrow 2Fe(OH)_3$$
$$2Fe(OH)_3 \longrightarrow 2FeOOH + 2H_2O$$
$$2FeOOH \longrightarrow Fe_2O_3 + H_2O$$

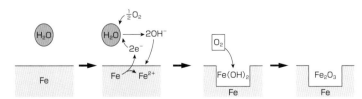

**図10.1** 鉄がイオン化してさびが生じるしくみ

**WORK** ▶酸素（O）原子に色を塗ろう！

すく，さびやすくなります．

　さびはpHの調整によって防ぐことができます．たとえば，コンクリートはpH12～13のアルカリ性なので，鉄筋コンクリート製のビルの鉄はさびにくく，長い間，強度を保つことができます．

## ■ 銅 （元素記号：Cu，原子番号：29）

　銅は，室温における電気伝導率と熱伝導率*が，金属のなかで【⑤　　　】に次いで2番目に高く，金や銀と同様に，展性と延性の高い金属です（第1章参照）．埋蔵量は【⑥　　　】半球に多く，産出量も埋蔵量もチリが最大です（**表10.1b**）．

## ■ 合金

　さまざまな金属特性を出すために，いろいろな金属を混ぜ合わせた【⑦　　　】が利用されています．【⑧　　　】は合金を作る主要な金属です（**表10.2**）．

　銅メダルは，英語で「ブロンズ（青銅）メダル」といいます．銅のみでは柔らかすぎるため，青銅（銅と【⑨　　　】の合金）が使われています．東京2020オリンピックでは，丹銅（銅95：亜鉛5）が使われました（p.5参照）．銅の色は，【⑩　　　】やニッケルが入ることで，銀のような白い光沢のある色になります．洋白や黄銅（真鍮）は楽器にも使われます．黄銅（ブラス）は，ブラスバンドという言葉の由来です．洋白，白銅，黄銅は，日本の硬貨にも使われています（p.76参照）．

　アルミニウムは鉄より軽くて扱いやすい反面，強度が弱いため，銅とマグネシウムと合金し，【⑪　　　　】にして強度を補います．ジュラルミンは機動隊員などの防護用盾としても使われています．

　【⑫　　　　】は，ステン（stains，シミや汚れ）がレス（less，少ない）なことから名づけられた，鉄とクロムとニッケルの合金です．表面にクロムと酸素が結合した膜ができてさびを防ぎます．

**＊熱伝導率**
木の床と鉄板の上を裸足で歩くと，鉄板のほうが冷たく感じる．これは，鉄は木材よりも熱伝導に優れ，より早く足の熱を奪うためである．熱伝導率の高さは，物質を急速に冷ます性質でもあるため，エンジンや冷暖房機器などの部品に利用されている．

■■■　Topic　■■■
酸化した銅は「緑青」という．銅が雨風にさらされ酸化した後，大気中の硫黄化合物や二酸化炭素，水分，塩分などと反応することで発生する．鎌倉の大仏，アメリカの自由の女神などにも見られる．

■■■　Topic　■■■
ジュラルミンはそれでもかなり重いため，最近では防護用盾に強化プラスチック（ポリカーボネート）が使われている．ポリカーボネートは，CDやDVDの円盤にも使われている．軽さと強度があるうえに，透明なので，敵の動きが見える利点がある．

■■■　Topic　■■■
ステンレスには，磁石につくものとつかないものがある．その違いは成分配合割合である．鉄：クロム：ニッケル＝74：18：8のステンレスは磁石につき，鉄：クロム＝83：17ステンレスは磁石につかない．

**表10.2 主な合金**

| 金属の種類 | 成分 | 特徴 | 用途 |
|---|---|---|---|
| 青銅（ブロンズ） | 銅，スズ | 固い，腐食しにくく鋳造に適する | 銅メダル，美術品，古代の農具・武器や貨幣 |
| 洋白 | 銅，亜鉛，ニッケル | 柔軟性，屈曲加工性，耐食性 | フルート，500円硬貨，バネ材料 |
| 白銅 | 銅，ニッケル | 銀に似た白い輝き，海水への耐食性 | 100円硬貨，50円硬貨，船舶の部品 |
| 真鍮（ブラス，黄銅） | 銅，亜鉛 | 光沢，丈夫，ブラスバンドの名称の由来 | サクソフォン，仏具，5円硬貨 |
| ジュラルミン | アルミニウム，銅，マグネシウム | 軽く丈夫 | 盾 |
| ステンレス | 鉄，クロム，ニッケル | さびにくい | 工具，台所用品 |
| はんだ | 亜鉛，スズ | 融点が低い | 金属の溶接 |

# GALLERY

## ◉ 硬貨に使われている金属

1円は，アルミニウムだけでできています．5円は，銅が60～70％，【①　　　】が30～40％で黄色味がかった【②　　　】です．10円は銅の含量が最も多く95％，亜鉛が3～4％，【③　　　】が1～2％使用されていて，銅の色のイメージを代表する【④　　　】です．50円と100円は，75％の銅と25％の【⑤　　　】が入り【⑥　　　】と呼ばれます．金属の組成が同じなので同じ色に見えます．500円は，銅，亜鉛，ニッケルの合金で，50円や100円と少し色が違います．3代目になる新500円は，偽造防止を強化するために，中心が銅を白銅で挟む【⑦　　　】構造，外縁がニッケル黄銅になっています．

| 硬貨 | 最初の発行年 | 重さ (g) | 外径 (mm) | 種類 | 成分金属（%） | | | | |
|---|---|---|---|---|---|---|---|---|---|
| | | | | | 銅 | 亜鉛 | ニッケル | スズ | アルミ |
| 1円 | 1955年 | 1.0 | 20 | アルミ | | | | | 100 |
| 5円 | 1959年 | 3.75 | 22 | 黄銅 | 60～70 | 30～40 | | | |
| 10円 | 1959年 | 4.5 | 23.5 | 青銅 | 95 | 3～4 | | 1～2 | |
| 50円 | 1967年 | 4.0 | 21 | 白銅 | 75 | | 25 | | |
| 100円 | 1967年 | 4.8 | 22.6 | 白銅 | 75 | | 25 | | |
| 500円 | 2000年 | 7.0 | 26.5 | ニッケル黄銅 | 72 | 20 | 8 | | |
| 新500円 | 2021年（11月） | 7.1 | 26.5 | バイカラー・クラッド | 75 | 12.5 | 12.5 | | |

## COLUMN 1　鋼と刀剣

鋼（はがね）は，鉄と炭素の合金です．炭素量が増えるほど硬度が増し，炭素含量0.4％以下を「軟鋼」，0.4％以上を「硬鋼」といいます．

日本の伝統技術の刀鍛冶では，刃先部分は硬鋼で作られ，その炭素含量は0.51～0.80％です．

切れ味は鋭いがもろく，歯が欠けることもあります．刀身部は軟鋼で作られ，炭素含量が0.13～0.20％です．刃先より折れにくく，刃全体を支えて刀が折れないように設計されています．

## ◉ 水銀（元素記号：Hg，原子番号：80）

水銀は常温で唯一，【⑧　　　　】で存在する金属です．体温計や気圧計などの計器類や，ボタン電池や蛍光灯などに使用されていましたが，近年では水銀を使わない電子体温計や LED ランプなどの普及が進んでいます．

水銀は毒性をもつため，2013 年 10 月に採択された「水銀に関する水俣条約」により現在は使用が限定され，水銀汚染を防ぐため厳しい排出規制がなされています（2021 年 1 月以降，水銀を含む製品の製造・販売が禁止されました）．始皇帝や持統天皇などは，水銀を不老不死の薬として服用し，毒死した可能性があるといわれています．

水銀とほかの金属との合金を【⑨　　　　　　】（ギリシャ語で「柔らかいもの」という意味）といいます．奈良の大仏の建立では，金と水銀を 1:5 の比率で混合してアマルガムとし，これを塗って加熱し，金めっきをしました（p.79 テーマ 2 参照）．また，以前はアマルガムを歯科修復の材料に使っていましたが，今では使われません．

常温で液体である水銀

水銀を使った以前の体温計

---

### COLUMN 2　　　　水俣病（負の遺産）

日本の高度経済成長期（1950 ～ 60 年代），公害問題である四大公害事件（水俣病，第二水俣病，イタイイタイ病，四日市ぜんそく）が相次いで発生しました．

そのうち，熊本県の水俣湾と新潟県阿賀野川流域で発生した 2 つの「水俣病」は，化学製品の原料になるアセトアルデヒドを作る工程で，触媒として用いられた水銀がメチル水銀（有機水銀）となり，工場排水として自然界に流されたことが原因でした．

メチル水銀は，生物濃縮によって高濃度に蓄積され，その汚染された魚介類を食べた人びとに水俣病が発症しました．主な症状は，運動失調，視野狭窄，聴力障害などの神経障害で，重症化すると脳を冒し，死に至る恐ろしい病です．2009 年 3 月末までに，熊本県の八代海沿岸で 2,269 名，新潟県の阿賀野川流域で 693 名が水俣病患者として認定されました．

高度成長期の技術研究や製品開発により，私たちは，それまででは考えられないほどの便利で快適な生活を手に入れました．しかし，当時は知識と経験の蓄積に限界があったため，製品作りだけに注力し，その過程で生じる副生成物や廃棄物の危険性を認識できませんでした．公害という事実を強く心に刻み，1 人ひとりが正しい化学知識を身につけることで，二度とこのような悲劇が発生しないよう，後世に伝える必要があります．

※メチル水銀：$CH_3$-Hg-$CH_3$，$CH_3$-Hg-X
（X は塩素や臭素などのハロゲン）

# 金属が文明を作った！

## ■ クラーク数

1924 年，アメリカ合衆国の地球化学者，フランク・クラーク（1847 ～ 1931）が，地表部付近から海水面下 10 マイル（16.09344 km）までに存在する元素の割合を，火成岩の化学分析結果に基づいて推定した結果から存在率（質量パーセント濃度）で表しました．これを【①　　　　　】数（Clarke number）*といいます（表 10.3）．

地表面には，酸素と【②　　　　　】が多く，約 75 ％を占めます．これは，地表が酸化ケイ素 $SiO_2$（岩や石や土）からできているからです．

鉄は【③　　　　　】に次いで 2 番目に多く存在する金属で，人類の文明の基礎を築き，今でも最も重要な金属です．「産業の米」「鉄は国家なり」などともいわれ，重要性が広く認識されています．鉄を含まない金属を【④　　　　】金属と呼ぶくらい，代表的な金属です．

*クラーク数
膨大な数の岩石分析値から求められ，1924 年当時の分析精度に見合った重量パーセントで表した元素存在度である．分析技術の急速な進歩により現在では ppb 以下の精度で正確に求められ，不都合な値も見られる．また，当時は知られていなかった地球内部の構造も詳細に調べられ，地殻の定義も異なってきた．そのため現在ではあまり使われなくなっているが，人類が地表面近くから入手しやすい元素を重量パーセントレベルでリストアップしたものとしてわかりやすい．

**Topic**

鎖国をしていた日本は，1853 年のペリー来航以来目覚め，近代化に突き進み，幕末から明治時代（1850 年代～ 1910 年）にかけて，製鉄・製鋼は急速に発展した．2015 年には，それらの鉄鋼業，造船業，炭鉱に関わる，鹿児島県の旧集成館，静岡県の韮山反射炉，福岡県の官営八幡製鐵所（現在の日本製鉄）など，国内の 8 か所，23 の文化遺産が，世界文化遺産として登録された．

### 表10.3 クラーク数

| 順位 | 元素名 | クラーク数 | 順位 | 元素名 | クラーク数 |
|---|---|---|---|---|---|
| 1 | 酸素（O） | 49.5 | 14 | 炭素（C） | 0.08 |
| 2 | ケイ素（Si） | 25.8 | 15 | 硫黄（S） | 0.06 |
| 3 | アルミニウム（Al） | 7.56 | 16 | 窒素（N） | 0.03 |
| 4 | 鉄（Fe） | 4.70 | 17 | フッ素（F） | 0.03 |
| 5 | カルシウム（Ca） | 3.39 | 18 | ルビジウム（Rb） | 0.03 |
| 6 | ナトリウム（Na） | 2.63 | 19 | バリウム（Ba） | 0.023 |
| 7 | カリウム（K） | 2.40 | 20 | ジルコニウム（Zr） | 0.02 |
| 8 | マグネシウム（Mg） | 1.93 | 21 | クロム（Cr） | 0.02 |
| 9 | 水素（H） | 0.87 | 22 | ストロンチウム（Sr） | 0.02 |
| 10 | チタン（Ti） | 0.46 | 23 | バナジウム（V） | 0.015 |
| 11 | 塩素（Cl） | 0.19 | 24 | ニッケル（Ni） | 0.01 |
| 12 | マンガン（Mn） | 0.09 | 25 | 銅（Cu） | 0.01 |
| 13 | リン（P） | 0.08 | | | |

1 ～ 8 位までで 97.91%，1 ～ 11 位までで 99.43%，1 ～ 25 位までで，99.948%を占める．

**WORK ▶ 鉄と銅とアルミニウムに色を塗ろう！**

## ■ 人類史と金属の融点

人類の歴史を，クラーク数と金属の融点から考察してみます（**表10.4**）．

人類は原始時代に，まずは周りにある石を使って矢尻や斧などの道具（石器）を作りました．その時代を【⑤　　　】器時代といいます．岩や石を形成する元素であるケイ素と酸素のクラーク数の合計が 75%を示しているように，最も手に入れやすい元素を利用したのです．

次に人類は【⑥　　　】器時代，【⑦　　　】器時代へと進みました．銅の融点は 1,083℃，鉄の融点は 1,535℃です．高温で金属を精錬するには飛躍的な技術進歩が必要です．初期の人類は，鉄を融かす溶解炉を作れず，まずは，銅とスズの合金である青銅*から精錬しました．青銅

**現存する韮山反射炉**
（金属を溶かし大砲などを鋳造するための溶解炉）

器時代は，中近東では紀元前4000年頃，欧州・インドでは紀元前2000年頃，中国では紀元前2000年から1500年頃に始まりました．

日本では中国，朝鮮から青銅と鉄がほぼ同時期に伝来し，青銅は紀元前1世紀，鉄は弥生時代後半（1〜3世紀）です．青銅や鉄は，鎌，鍬，斧などの【⑧　　】や，矛，剣などの【⑨　　】に使用され，農業の発展や戦争などでの戦力強化に使われるようになりました．

鉄は，クラーク数ではアルミニウムに次いで4番目に大量入手しやすい金属ですが，先に，存在比の少ない銅やスズが青銅として使われました．このように化学的な視点で歴史を見るのもおもしろいものです．

**表10.4 石器時代，青銅器時代，鉄器時代**

| 年代 | | 紀元前<br>4000年頃〜 | 紀元前<br>2000年頃〜 |
|---|---|---|---|
| 時代 | 石器時代 | 青銅器時代 | 鉄器時代 |
| | 金 ➡ 銀 ➡ | 銅 ➡ スズ ➡ | 鉄 |

## ■ めっきの歴史

めっきとは，金属や非金属などの表面に金属を薄い膜としてくっつけることです．金属光沢を出して見た目を美しくしたり（装飾めっき），鉄の【⑩　　】を防いだり（防蝕めっき）するのが目的です（p.74参照）．

日本には仏教の伝来とともにに，めっき技術が伝わりました．水銀にほかの金属（とくに金）を混ぜあわせて溶かし込み，それを表面に塗ったあと，炭火で加熱して水銀を蒸発させる方法で，これを塗金（【⑪　　】法）といいます．奈良の大仏は，この方法で建立され，現在は青銅色ですが建立当時は金色でした．しかし，多くの職人が水銀中毒になったと考えられています（p.77参照）．

水銀に金を溶かし込むと，金色がなくなり銀色になることから「金が滅する」という意味で滅金と呼ばれるようになり，それが「鍍金（めっき）」へと変化しました．JIS規格では「めっき」が正式な表記です．

現在ではめっきの工業化により，【⑫　　】めっきや化学めっき*などさまざまな方法であらゆるものがめっき加工されています．電気めっきは，ボルタ電池が開発されたことで，1805年のドイツで銀メダルを金めっきしたのが始まりといわれています．

**＊青銅の融点**
融点1084℃の銅に融点232℃のスズを混ぜた青銅の融点は，約800℃と低温になる．

**図10.2 東大寺の大仏<br>（廬舎那仏像）**

**＊化学めっき**
1835年にガラス面に銀を被膜して，鏡が作られた（銀鏡反応）．これが，化学めっき（無電解めっき）の始まりとされ，その後，普及するようになった．

## Quiz

東大寺の大仏（廬舎那仏像）（図10.2）は，当時の最先端技術であるアマルガム法により全体が金ピカに金めっきされました．高さ16メートル，幅12メートルの大仏を金めっきするのにどれくらいの金が使用されたでしょうか？

① 5.8 kg　② 58 kg　③ 580 kg

→答えは章末に

## 10章で学んだこと

● 金属は合金にすることで，さまざまな特性をもつ素材として利用されている．

● 鉄は，水，酸，空気中の酸素によってさびやすいが，ステンレスや鉄筋コンクリートにすることでさびつかず，強度を維持できる．

● 銅は加工がしやすく，鉄は存在量が多く強度があるなどの理由で，古くから利用されてきた．

**実用知識**

# 貧血と鉄

栄養学的には，鉄は人間にとって必須元素で，鉄分を欠くと，貧血などを引き起こすことがあります．

赤血球に含まれるヘモグロビンというたんぱく質は，鉄を含みます．ヘモグロビンは鉄イオンを利用して，肺から取りこまれた酸素と結合し全身に酸素を運びます．

血液一定量あたりの赤血球またはヘモグロビンが少ない状態を貧血といいます．

鉄は，成人男性の体内に3.5〜5 gあり，赤血球のヘモグロビンの中に約60 %，肝臓に1 gが貯えられています．とくに肝臓の鉄は貯蔵鉄と呼ばれ，病気やけがによる出血や女性の月経など，大量の血液（鉄分）が失われた際に利用されます．貯蔵鉄が不足すると，ヘモグロビンを作るための鉄が不足するため，貧血に陥ります．

男性は1日に10 mgの鉄を摂れば十分ですが，女性は男性より多い15 mg程度摂る必要があります．また，高齢になると貧血になりやすく，日頃から鉄分が不足していないか意識することが大切です．

鉄の欠乏予防対策としては，鉄を多く含む食品（ほうれん草やレバーなど）を上手に摂ることが重要です．また，鉄製の鍋やフライパンなどで調理すると鉄分が多く摂取できます．

食事由来の鉄分には，ヘム鉄と非ヘム鉄があります．ヘム鉄は肉や魚に，非ヘム鉄は穀類，緑黄色野菜，海草に多く含まれます．ヘム鉄の吸収率が15〜25 %であるのに対し，非ヘム鉄は2〜5 %と効率がよくありません．また鉄には，吸収を阻害する因子と促進する因子があります．コーヒー，緑茶，紅茶に含まれるタンニンは，キレート作用により鉄をトラップするため吸収を阻害します．一方，ビタミンCを含む食品は，鉄を吸収しやすい形にし，吸収を促進します．

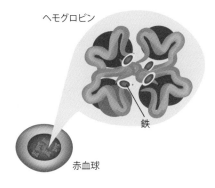

ヘモグロビン

鉄

赤血球

**鉄を多く含むほうれん草(左)とレバーを使った料理(右)**

# 第11章

# 薬と毒の化学

*Quiz*

次のAとBにおいて，①と②のどちらが毒をもっているでしょう？

A ①

②

© Meneerke bloem

B ①

© aomorikuma

②

© Rudolphous

A ☐　B ☐　→答えは章末に

食用キノコと毒キノコ，見分けがつかないものもあるから危険だよね．

毒ってどんなものに含まれているのかな？

　私たちは，動物・植物を起源とした食料なしでは命を維持することができません．しかし，動物・植物には，毒性をもつものがあります．食用と毒性のあるものがとても似ていることもあり，間違って食べてしまうことがあります．

　また，私たちは昔から，体の不調を解消するために，もともと自然にある植物や虫，鉱物などから作った漢方薬や生薬を利用してきました．いまでは薬効のある薬剤を人工的に作っています．しかし，薬も，使用量を誤れば毒になります．

　薬や毒に対する知識をもつことで，命を守り，健康な生活を送れるようにしましょう．

テーマ1　　　　　　　　　薬ってなに？

## ■ 主な薬剤

かつての薬は，天然由来の【①　　　　　】薬や生薬でした．現在では，人工的に合成した，薬効のある【②　　　　　】が主流となっています．薬の種類は非常に多く，すべてをまとめることはできませんが，基本骨格によって分類できます．そのいくつかを紹介します（**表11.1**，**表11.2**）．

**表11.1** 薬の基本骨格による分類例

| 分類 | 基本構造 | 特色 |
|---|---|---|
| テルペノイド系 | 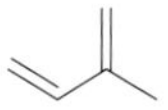 イソプレン基本骨格 | 炭素5個からなるイソプレンが，2個（モノテルペン），3個（セスキテルペン），4個（ジテルペン），6個（トリテルペン），生合成でつながった化合物．植物の成分でもあり，生薬にはさまざまなテルペノイドが含まれる． |
| 【③　　　】系 | 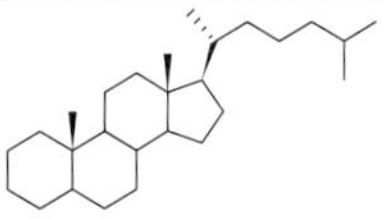 ステロイド骨格 | 抗炎症剤（湿疹，皮膚炎など）として用いられる．ステロイド骨格をもつ化学物質は，生体内で作られ細胞膜の構成成分となるほか，副腎皮質ホルモンとしても働く．コレステロール，男性ホルモン（アンドロゲン），女性ホルモン（エストロゲン）もその一種． |
| 【④　　　】系 | 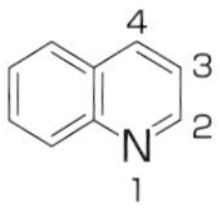 キノリン骨格 | 窒素を含む塩基性化合物で，**表11.2**に示すようにさまざまな薬理作用があり，医薬品として多くの種類が存在する．キノリンはキノリン骨格の構造の1位に窒素（N）がある．ほかに，2位に窒素があるイソキノリン，1位と4位の2か所に窒素があるキノキサリンなどがある．これらは，薬だけでなく，染料，腐食防止剤，殺虫剤，防カビ剤，消毒剤などさまざまな用途に利用されている． |
| β-ラクタム系 | 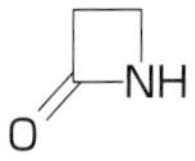 β-ラクタム | 抗菌剤，抗ウイルス剤として用いられる．現在は合成されるものもあるが，もとは微生物が作る抗菌物質であった（ペニシリンなど）．β-ラクタム系以外の抗生物質に，アミノグリコシド系（ストレプトマイシン，カナマイシンなど），テトラサイクリン系，マクロライド系，ペプチド系などがある． |

## ■ サリドマイド薬害と光学異性体

1960年代，ドイツの製薬会社が開発した【⑤　　　　　　】は，それまでの睡眠薬と比べ，副作用がなく即効性がありました．安全で無害な睡眠薬として世界46か国で発売され，妊婦も，つわり防止や睡眠補助のために摂取していました．しかし服用した妊婦の新生児に奇形が認められる薬害が発生しました．

サリドマイドの化学構造をよく見ると，**図11.1**の丸く色のついた部分に結合の異なる2種類が存在します．左手と右手の関係のようで，同じ向きに重ね合わせることはできません（これを【⑥　　　　　】といいます*）．サリドマイドは，この違いによる，催奇性があるものと睡眠作用があるものの混合物でした．

サリドマイド薬害が起こるまで，薬品開発において光学異性体はあまり意識されていませんでしたが，この薬害後は，この違いを重視し，作り分けるようになりました．

**＊光学異性体**
下の図のように鏡の実像と虚像の関係になっている物質を，光学異性体（鏡像異性体）という．

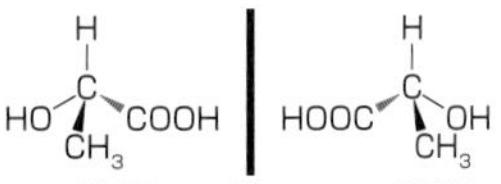

L-乳酸　鏡　D-乳酸

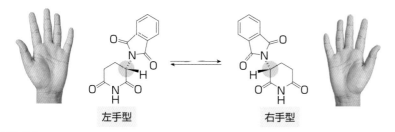

**図 11.1** (S)–サリドマイド（催奇性あり）と (R)–サリドマイド（睡眠作用あり）

左手型 ⇌ 右手型

＊化合物の3次元構造の表記法
分子は3次元の立体だが，紙面は平面（2次元）であるため，奥行を書くのが困難である．そこで化学者は，3次元の分子を理解してもらう表記法を考えた．**図 11.1** の丸部分で破線のくさび形は，紙面の向こう側，普通の黒塗りのくさび形は，紙面の手前側にあることを表す．

**表 11.2** 薬剤の例

| 種類 | 名称 | 構造式 | 特徴 |
|---|---|---|---|
| β-ラクタム系 | 【⑦　　　】 | | 世界最初の抗生物質．第二次世界大戦中多くの命を救った．現在，さまざまな類似の化合物が開発され使用されている．アレキサンダー・フレミングによって発見(p.85 COLUMN2 参照)． |
| テルペノイド系 | l-メントール | | 鎮静剤，かゆみ止め．炭素数10個のモノテルペン．神経に作用する．冷感作用があるため歯みがき粉，お菓子，口中清涼剤，たばこなど，食用や塗り薬，外用鎮痛材，消炎軟膏材など医薬原料として利用されている． |
| | アルテミシニン | | 抗マラリア薬．炭素数15個のセスキテルペン．中国で，モギ属の植物であるクソニンジンから発見された．この誘導体の開発者である屠呦呦は 2015 年にノーベル生理学・医学賞を受賞した． |
| | パクリタキセル（タキソール） | | タイヘイヨウイチイの樹皮から発見．抗がん剤．炭素数は47個であるが，基本骨格は炭素数20個のジテルペン． |
| サルファ剤系 | スルホンアミド | | 抗菌剤．1932 年，ゲルハルト・ドークマが，サルファ剤の一種であるプロントジルを抗菌剤として開発し 1947 年にノーベル生理学・医学賞を受賞．その後，さまざまなサルファ剤が開発され利用されてきた． |
| アルカロイド系 | モルヒネ | | ケシの実の果汁粉末を原料とするアヘン（阿片）から分離されるアルカロイド．薬用植物から初めて分離された．中毒性，常習性から違法な使用は禁止されている．一方で医師の正しい判断による鎮痛剤として末期がん患者などの緩和ケアに使われている． |
| | キニーネ | | 南米原産のキナの樹皮から採取．抗マラリア薬．世界最初のマラリア薬として現在も広く使われている． |
| | 【⑧　　　】 | | コーヒーをはじめ，緑茶，紅茶，栄養ドリンクなどに含まれている．眠気防止（覚醒作用），利尿作用がある．有効成分ではあるが，近年，過剰摂取による健康障害を疑う例も報告されている． |
| | ベルベリン | | キハダやオウレンに含まれる苦味成分．健胃，整腸薬，止瀉薬． |

# GALLERY

## ● 被害例の多い毒物

　私たちは, 毎日, さまざまな食品を摂取しています. その際, 毒物が体に入ってしまうと, 健康を害し, ときには死に至ります. 間違って毒キノコを食べてしまうことや, かつてはタリウムやヒ素などの毒物を混入させる犯罪もありました. 毒物に対する知識をしっかりもって, 命を守らなくてはなりません.

### 日本3大有毒植物

| トリカブト | ドクゼリ（根茎） | ドクウツギ |
|---|---|---|
|  | 厚生労働省ウェブサイトより（写真提供：磯田　進）https://www.mhlw.go.jp/stf/seisakunitsuite/bunya/0000082096.html |  |
| アコニチン（R¹＝C₂H₅）メスアコニチン（R¹＝CH₃）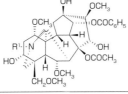 | シクトキシン　シクチン | コリアムルチン |
| 茎, 葉, 花, 地下部, ほぼすべてに毒がある. 葉は, 食用のニリンソウに似ている. 手足のしびれ, 嘔吐, 腹痛, 血圧低下などを起こし, けいれん, 呼吸中枢麻痺により死亡することもある. アコニチンの致死量は2〜6mg. | 食用のセリとよく似ていて間違えやすいが, セリと違って地下茎があるので区別できる. 嘔吐, 下痢, けいれん, 意識障害, 死亡例もある. | 果実に多く含まれるが, 茎や葉にも含まれている. けいれんや呼吸困難になり死亡例もある. |

### COLUMN 1　ジャガイモと毒

　ナス科（Solanaceae）のジャガイモは, 肉じゃが, ポテトサラダやカレーライスなど, 料理によく使用される食材ですが, 芽が出た部分や, 緑色に変わった皮には, ソラニンやチャコニンという毒素が含まれます. この毒素は加熱しても分解されませんので, 芽の周りは取り除き, 緑色の皮の部分は厚めに皮をむきましょう. また, 栽培時は日光にあたらないよう土寄せをするほか,

皮が緑色になっているジャガイモ（左）と芽が出たジャガイモ（右）
α-ソラニン　　α-チャコニン

ソラニンやチャコニンは未熟なイモに含まれるので, よく熟してから収穫しましょう. 収穫後は, イモに傷をつけないようにして, 通気性のいい冷暗所に保管しましょう.

　左ページに紹介している，【①　　　　　】，【②　　　　　】，【③　　　　　】は，日本3大有毒植物で，被害例も多く報告されています．さらに近年では，ノロウイルス，カンピロバクター，サルモネラ菌，黄色ブドウ球菌など，【④　　　　　】の毒素による食中毒が多く報告されていますので，衛生管理に気をつける必要があります．テングタケ，フグ由来の食中毒も発生しています．

| ベニテングタケ | テングタケ | トラフグ | ムシロガイ科 キンシバイ |
|---|---|---|---|
|  |  |  |  厚生労働省ウェブサイトより https://www.mhlw.go.jp/topics/syokuchu/poison/animal_15.html |
| イボテン酸　　ムッシモール　　ムスカリン | | テトロドトキシン | |
| 　 | | 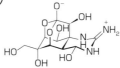 | |
| イボテン酸は，ムッシモールとなって作用する．子どもが大量摂取すると，けいれん，昏睡などが生じることがある．ムスカリンは，腹痛，吐き気，下痢，めまい，けいれん，呼吸困難を起こし，死亡例もある． | | フグの肝臓や卵巣，皮の部位は毒性が強い．食後3時間程度でしびれや麻痺，呼吸困難，血圧降下などが現れ，24時間以内に死亡することがある．テトロドトキシンの致死量は1〜2 mg．この毒をもつ巻貝もある． | |

## COLUMN 2　セレンディピティ

　セレンディピティ（serendipity）という言葉があります．その意味は，「思いがけず，探していなかった価値あるものを発見すること．また，その能力」といわれます．ペニシリンの発見は，このセレンディピティによるものです．

　1929年，アレキサンダー・フレミングがブドウ球菌の培養実験後，ふたの空いていた一枚の皿に混入したカビの周りだけきれいであることを見つけました．このことから，アオカビの出す成分がブドウ球菌を殺菌する作用があると洞察し，ペニシリンの開発に結びつきました．カビが生えたことを失敗とは考えず，大発見につなげた好例です．その後，ペニシリンG（ベンジルペニシリン，PCG）が実用化され，第二次世界大戦中に多くの負傷兵や戦傷者の命を感染症から救いました．ペニシリンは，現在でも医療現場で広く使われています．ペニシリンの発見は，抗生物質の先駆けとなり，この業績から1945年にフレミングは，ノーベル生理学・医学賞を授与されています．

アレキサンダー・フレミング
（1881〜1955）

ペニシリンG（PCG）

　セレンディピティは「偶然によるラッキーなできごと」ではなく，基礎知識や経験，深い洞察力により，偶然起きた現象を見逃さず，大発見につなげることです．身の回りのあらゆる現象に，大発見につながる可能性があるのです．

## テーマ2  農薬ってどんな薬？

**表11.3** 主な農薬の種類

| 種類 | 役割 | 種類 | 役割 |
|---|---|---|---|
| 【①　　】剤 | 農作物の害虫の防除 | 【②　　】剤 | 農作物や樹木に有害な作用をする雑草の防除 |
| 殺ダニ剤 | 農作物に寄生して加害するダニ類の防除 | 植物成長調整剤 | 農作物の生理機能を増進または抑制し，農作物の結実増加や倒伏防止などをはかる |
| 殺線虫剤 | 農作物の根の表面または組織内に寄生増殖し加害する線虫類の防除 | 忌避剤 | 動物が特定のにおいや味を忌避する性質を利用し，農作物の鳥獣被害を防ぐ |
| 殺菌剤 | 農作物を植物病原菌（糸状菌及び細菌）の有害作用から防御 | 誘引剤 | 動物・昆虫が特定の臭気などの刺激で誘引される性質を利用し，有害動物などを一定の場所に誘い集める |
| 殺そ剤 | 農作物を食害するネズミ類の駆除 | 展着剤 | 農薬を水で薄めて散布するときに，薬剤が害虫の体や作物の表面によく付着するように添加 |
| 殺虫殺菌剤 | 殺虫成分と殺菌成分を混合し，害虫と病菌を同時に防除 | | |

＊農薬取締法(昭和二十三年)第2条より

「農薬」とは，農作物（樹木及び農林産物を含む．以下「農作物等」という．）を害する菌，線虫，だに，昆虫，ねずみその他の動植物又はウイルス（以下「病害虫」と総称する．）の防除に用いられる殺菌剤，殺虫剤その他の薬剤（その薬剤を原料又は材料として使用した資材で当該防除に用いられるもののうち政令で定めるものを含む．）及び農作物等の生理機能の増進又は抑制に用いられる成長促進剤，発芽抑制剤その他の薬剤をいう．

### ■ 農薬とは

　無農薬野菜は健康的に感じられますが，完全に無農薬で生育するには大変な苦労が必要です．農作物が，多くの病害虫に食べつくされたり，農作物より強い雑草に負けて育たない場合も多くあります．これらの被害から農作物を守るために，農薬が広く使用されています．

　農薬は，【③　　　　　】法において定義されています＊．この定義のもと，**表11.3**に示す種類の農薬が市販され利用されています．

　昭和30年頃までは，毒性の強い「【④　　　　】」や「毒物」にあたる農薬が利用されていましたが，平成19年の時点で特定毒物の生産はなくなり，安全性の高い「普通物」の農薬が中心になっています（**表11.4**，**図11.2**）．

　各種農薬の出荷量の内訳を見てみると，殺虫剤，除草剤，殺菌剤の3種類で全体の87％です（**図11.3**）．農作物生産において【⑤　　　】や【⑥　　　】による被害が著しいことがわかります．

**表11.4** 農薬の毒性別分類表

| | 経口 LD$_{50}$ (mg/kg) | 皮下注射 LD$_{50}$ (mg/kg) | 静脈注射 LD$_{50}$ (mg/kg) |
|---|---|---|---|
| 特定毒物 | ＜ 15 | ＜ 10 | |
| 毒物 | ＜ 330 | ＜ 20 | ＜ 10 |
| 劇物 | ＜ 300 | ＜ 200 | ＜ 100 |
| 普通物 | 上記のいずれにも該当しないもの | | |

LD$_{50}$とは，化学物質の急性毒性の指標．実験動物に経口などから投与した場合に，統計学的にある日数のうちに半数(50%)が死亡すると推定される量のこと．

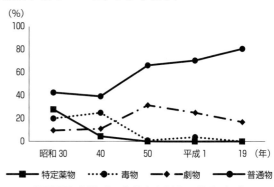

**図11.2** 毒性別の農薬生産割合の推移（%）

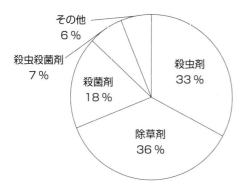

**図 11.3** 農薬の国内出荷量の種類別内訳（平成30農薬年度）

農林水産省消費・安全局HP, 農薬の生産・出荷量の推移（平成元年〜30農薬年度）より作成（https://www.maff.go.jp/j/nouyaku/n_info/index.html）.

**WORK** ▶ 殺虫剤, 除草剤, 殺菌剤の部分に色を塗ってみよう！

## ■ 蚊取り線香

蚊取り線香は，【⑦　　　　　】という，殺虫効果のある菊が発見されたことで開発が始まりました．

当初は粉末でしたが，後に，仏壇で使うような棒状の線香になりました．しかし，棒状では40分程度で燃え尽きてしまい，夜の睡眠時間中ずっと使用することができません．そこで，試行錯誤の末に現在の渦巻き状の形になり，6〜7時間は保つようになり，睡眠中に蚊から私たちを守ってくれています（図11.4a）.

除虫菊に入っている有効成分は【⑧　　　　　】系の物質です．現在ではさまざまなピレスロイド系化合物が，有機合成により作られて利用されていますが，それらは共通に，【⑨　】酸の構造をもっています．菊酸は，分子構造の中の三角形の【⑩　　　　　】の部分構造が特徴的です（図11.4b）.

もともとは除虫菊を練りこんだ線香のみでしたが，大量に製造するために化学合成で作ったピレスロイドを練りこんだ製品が多くなっています．天然の除虫菊を練りこんだ製品も市販されています．

(a)

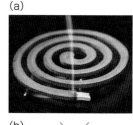

(b)

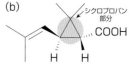

シクロプロパン部分

**図 11.4** 蚊取り線香（a）と菊酸（b）

# *Quiz*

右のグラフは，農薬を使用しない場合の，病害虫や雑草による農産物の減収率を表しています．表によると，たとえばA作物の場合，病害虫などの影響により97％が製品にできない作物です．グラフのA，B，Cにあてはまる農産物の名前を以下の選択肢から当ててみましょう．

① キャベツ　② りんご　③ さつま芋
④ もも　⑤ ブドウ

**A**〔　　〕　**B**〔　　〕　**C**〔　　〕 →答えは章末に

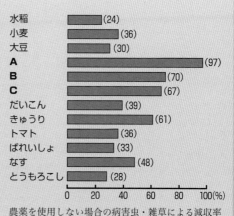

農薬を使用しない場合の病害虫・雑草による減収率（平均値）（1990〜2006年日本植物防疫協会）より.

## 11章で学んだこと

● 漢方薬や生薬に加え，化学合成で作り出した，薬効が明らかなさまざまな化合物が薬として使用されている.

● 身近な食材にもジャガイモの芽に含まれるソラニンのような毒性物質があり，毒に対する知識は重要である.

● サリドマイドのように，有機化合物には元素の種類，数，構造が同じでも，性質が異なる光学異性体がある.

● 蚊取り線香や虫よけ剤の有効成分は，ピレスロイド系の化合物である.

---

**実用知識**

# 医食同源としての大豆食品

「医食同源」という言葉があります．毎日の食事から病気を予防し健康的な生活を送るという点で，大豆食品は代表例といえます．日本食には多くの大豆食品があります．私たちは，納豆，豆腐，油揚げ，おからなど，さまざまな大豆食品を食べています．

大豆から，フラボノイドであるダイゼインやゲニステインという「大豆イソフラボン」が発見されました．最初に発見したのが日本人の化学者だったため，ダイゼインと命名しました（p.39参照）．その大豆イソフラボンは，女性ホルモンであるエストロゲンと似た構造をしています．

このことから，大豆食品を多く摂取していると，更年期障害や骨粗しょう症の症状を緩和するといわれています．

豆腐（上）は大豆の搾り汁を凝固剤で固めた加工食品．油揚げ（右下）は薄切りにした豆腐を油で揚げたもの．おから（左下）は，豆腐を製造する過程で，豆乳を絞った際に残る成分．

ダイゼイン     ゲニステイン     エストロゲン（女性ホルモン）

---

**問題の解答**

p.81 クイズ　A② (①はセリ，②はドクゼリ)　B① (①は毒キノコのツキヨタケ，②は食用のヒラタケ) このように食用の植物と有毒な植物は外見が類似したものがあり，細心の注意が必要である.

テーマ1　①漢方　②化合物　③ステロイド　④アルカロイド　⑤サリドマイド　⑥光学異性体　⑦ペニシリン　⑧カフェイン

ギャラリー　①トリカブト　②ドクゼリ　③ドクウツギ　④微生物

テーマ2　①殺虫　②除草　③農薬取締　④特定毒物　⑤害虫　⑥雑草　⑦除虫菊　⑧ピレスロイド　⑨菊　⑩シクロプロパン

p.87 クイズ　A②りんご　B④もも　C①キャベツ

第**12**章

# 色と光の化学

## Quiz

りんごが赤色に見えるのはなぜですか？

①太陽光（白色光）のうち，りんごが赤い光を反射し，それ以外の光を吸収するため

②太陽光（白色光）のうち，りんごが赤い光を吸収し，それ以外の光を反射するため

→答えは章末に

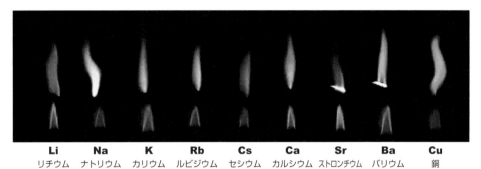

| **Li** | **Na** | **K** | **Rb** | **Cs** | **Ca** | **Sr** | **Ba** | **Cu** |
|---|---|---|---|---|---|---|---|---|
| リチウム | ナトリウム | カリウム | ルビジウム | セシウム | カルシウム | ストロンチウム | バリウム | 銅 |

写真提供：中條敏明

炎の色がさまざまなのはなぜだろう？

光の3原色，色の3原色があるって聞いたことがあるわ！

　りんごが赤色に見えるのは，光のもつ色のうち赤色がりんごに反射して，それ以外の光をりんごが吸収するためです．このように，私たちはりんごの反射光を「赤色」として感じています．私たちが真っ暗な場所で色を認識することができないのは，電気のあかりや太陽光などの光がないとその反射光が見えないからです．本章では，色の見え方や，化学反応による色について学んでいきましょう．

# テーマ1 色はどうしてたくさんあるの？

*炎や太陽のように，それ自身が発光する物体を発光体という．太陽の色は白色か透明のように見えるが，実は無数の色の集まりである．プリズムを使って太陽を見ると，さまざまな色が見える（**図12.2**）．虹が7色に見えるのも，この原理である．

## ■ 色と波長

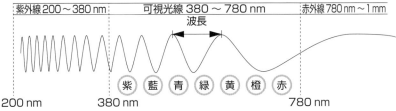

**図12.1** 紫外線，可視光線，赤外線の波長
※ 波の山から山（谷から谷）までの距離を波長とする．

光は，ラジオの電波や電子レンジ，レントゲンのX線などと同じ電磁波の一種です．色は光が目に入ることで認識されます．光の【①　　　】の違いによって，無数の色が表現されます（**図12.1**，**図12.2**）．私たちの目に見える光は波長が380〜780 nmの範囲です．可視光領域より波長が長い（もしくは短い）場合，人間の目で見ることができません．

短波長の電磁波は，短い距離を短時間で激しく上下動するため，【②　　　　　】が強く，身体に影響を与えやすい特性をもちます．短波長の【③　　　】線は日焼けや皮膚がんの原因になります．X線，ガンマ線などの放射能を浴びると，身体に障害をおよぼす危険があります．長波長の電磁波は，紫外線など短波長のものと比べ無害です．近赤外領域の940〜950 nmの波長は，テレビなどの赤外線リモコンで使われています．遠赤外線（3〜1,000 μm）は，物質を温める作用があり暖房器具や健康器具やオーブンレンジ（p.103参照）などに利用されています（**図12.3**）．

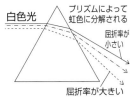

白色光
プリズムによって虹色に分解される
屈折率が小さい
屈折率が大きい

**図12.2** プリズムのしくみ

---

**Topic**

医者は白い白衣を着ているイメージがあるが現在では，外科医の白衣や手術室の壁の色は青緑色が主流である．外科医が手術で長時間患者の真っ赤な鮮血を見た後に白いものを見ると，補色である青緑色の残像が見え，その後の手術に支障をきたすことがある．これを「補色残像効果」という．

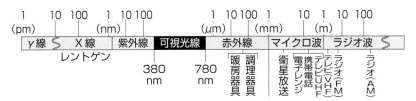

**図12.3** さまざまな波長の電磁波

## ■ 補色

**図12.4**の円グラフの対面にある互いの色を【④　　　】の関係と呼びます．たとえば，赤いりんごの色は，青緑の光を吸収し，補色である赤色が反射して赤色に見えるわけです．

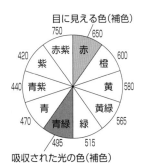

目に見える色（補色）
750 650
赤紫 赤
420 600
紫 橙
440 青紫 黄 580
青 黄緑
470 青緑 緑 565
495 515
吸収された光の色（補色）

**図12.4** 可視光領域の補色関係

# 花火はどうしてカラフルなの？

## ■ 花火

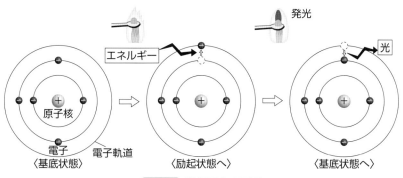

図12.5 炎色反応の原理

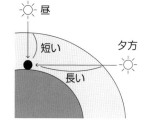
真夏の河原で見る花火は，暑さを吹き飛ばしてくれる素敵な体験です．この花火の色は，金属の【①　　　】反応を組みあわせた化学反応によるものです．

炎色反応のしくみは図12.5のようなものです．原子（図12.6）の周囲に存在する電子は，ふつう，【②　　　】状態といわれる安定な軌道に存在しますが，外部からエネルギーを得ると電子が移動（励起）し，外側のエネルギーの高い電子軌道に存在するようになります（【③　　　】状態）．この励起状態は不安定なので，基底状態に戻ろうとします．その際に光としてエネルギーを放出し発光します（図12.5）．金属によって放出するエネルギーは異なり，違う色に発光します．（図12.7，p.89参照）

たとえば，調理コンロで熱していた煮汁が吹きこぼれて，火の回りが黄色くなるところを見たことはありませんか？これは，煮汁の中の塩（塩化ナトリウム）のナトリウムが，炎色反応を起こしているためです．

ただし，すべての金属で炎色反応を見ることができるわけではありません．金属によっては可視光領域ではなく，赤外領域や紫外領域で反応するものもあります．

陽子（+の電荷をもつ）
原子核
中性子（電荷をもたない）
電子（−の電荷をもつ）

図12.6 原子

上の図はヘリウム原子の例である．原子は，陽子と中性子からなる原子核と電子からできている．

| リチウム 赤 | ナトリウム 黄 | カリウム 赤紫 | ルビジウム 紫 | セシウム 青紫 | カルシウム 橙赤 | ストロンチウム 赤 | バリウム 黄緑 | 銅 青緑 |
|---|---|---|---|---|---|---|---|---|

図12.7 炎色反応

WORK ▶ p.89の写真を参考に，炎の色を塗ってみよう！

# GALLERY

## ◉ 花の色

植物はさまざまな色の花を咲かせます．花の代表的な色素成分は，フラボノイド，カロテノイド，クロロフィル（葉緑素）などです．

フラボノイドは，【①　　　　】種類以上の物質が知られています．黄色を中心に青色まで幅広い色素があります．フラボノイド類の【②　　　　】は酸性では赤色，アルカリ性では青色に色が変化します（p.95 参照）．

カロテノイドは，赤色を中心に，黄色から橙色を示す色素です．トマトやスイカの【③　　　　】や，紅鮭やカニの【④　　　　　】の赤色は，カロテノイド系の物質です（p.95 参照）．また，菊やバラなどの花の黄色も，カロテノイド色素由来です．

クロロフィル（葉緑素）は，緑色の色素で，植物の【⑤　　】や【⑥　　】に多く含まれます．新緑の季節になると山々が鮮やかな緑になりますが，その緑はクロロフィルの色です．紅葉は，葉に含まれるクロロフィルが減り，もともともっていたカロテノイドの黄色やアントシアニンの赤色が現れることによるものです．

---

### COLUMN 1 　光の3原色と色の3原色

光の3原色（RGB）は赤（red）・緑（green）・青（blue）で作られる色で，すべての色を混ぜると白になります．また，緑と青が混ざるとシアン（cyan）に，赤と緑が混ざると黄になります．テレビ画面やパソコンのモニターなどの発光体は，光の3原色により色が作られています．

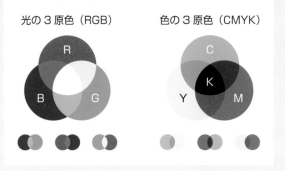

光の3原色（RGB）　　色の3原色（CMYK）

色の3原色（CMY）は，シアン（cyan）・マゼンタ（magenta）・イエロー（yellow）で作られ，すべての色を混ぜると黒になります．絵の具やプリンター（印刷物）の色は，色の3原色によりつくられています．この色は，光の3原色とは異なり，光が反射して見える色です．たとえば，青色は青色を反射し，その他の色を吸収することで青く見えています．また，インクジェットプリンターのインクカートリッジには，CMYの3色に加えて黒（K）〔black のB が青（blue）のB と紛らわしいので黒は K が使われる〕のカートリッジが販売されています．

## ● 染料

| 染物の種類 | 藍染め | 茜染め | 紅花染め | 紫根染め | コチニール染め |
|---|---|---|---|---|---|
| 原料となる生物 | 蓼藍（一年草） | 日本茜（多年草） | 紅花（サフラワー）（越年生植物） | 紫の根（多年草） | コチニールカイガラムシ（臙脂虫） |
| 物質名と化学構造 | インジゴ | パープリン | カルタミン | シコニン | カルミン酸 |
| 色名と色 | 藍色 | 茜色 | 韓紅 | 本紫 | 臙脂色 |

　染料には，植物や虫から得られた色素を用いる文化があります．紅花染めの紅は，日本では古来より口紅として使われてきました．紫根染めには紫という植物の根（紫根）を使います．紫根は，抗炎症作用，創傷治癒に効果がある生薬としても利用されています．また，コチニールカイガラムシは，メスのみが色素を産生します．これは，食品の着色にも使用されています．

---

**COLUMN 2**　　　　　**生物発光**

　生物が，自らの働きによって発光することを生物発光といいます．生物発光は，極めてエネルギー効率がよく，発光にほとんど熱を伴いません．代表的な例が，ホタルやウミホタルの発光です．とても神秘的なこの光は，彼らが体内にもっている物質と酵素が反応しあった結果生じます．ホタルが体内にもっているホタルルシフェリンという発光する物質（ウミホタルの場合はウミホタルルシフェリン）の一部が，ルシフェラーゼという発光を手助けする酵素によって，ジオキセタンという構造に変化したあと，励起した状態のオキシルシフェリンになります．オキシルシフェリンがより安定した状態に戻る際に放出するエネルギーを光として私たちは鑑賞しています．

　注）炭素の結合角は，通常 109.5° だが，ジオキセタンのもつ四角形の結合角 90° の状態は非常にひずんでいて，四角形を簡単に開き，励起した状態のオキシルシフェリンになる．

ホタル

ウミホタル（写真提供：南あわじ市）

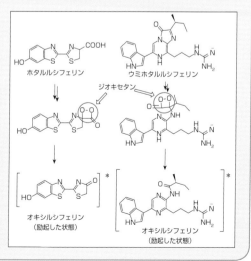

# 化学構造が変わると色も変わるの？

## ＊酸性とアルカリ性

酸性とアルカリ性はpHで表し，pHの値が7は中性，7より小さいなら酸性，7より大きいならアルカリ性である．水に溶けて電離し，水素イオン（H⁺）を出す化合物を酸という．水酸化物イオン（OH⁻）を出す化合物をアルカリという．また，ほかの物質にH⁺を与える物質を酸と，H⁺を受け入れる物質を塩基ともいう．

## ＊虹のでき方，主虹と副虹

虹は，水滴に入る日光の各色の成分の屈折と反射の角度により7色となる．短い波長の赤は屈折率が大きく，紫は小さい．その虹には，主虹と副虹があり，条件がいいと副虹が見える．主虹は短波長の紫が内側で長波長の赤が外側．一方，副虹は水滴の中を2度屈折し逆転するため紫が外側，赤が内側になりかなり薄くなる．運が良ければ見れるので，虹が出たらぜひ色が逆転した副虹が主虹の外側に見えないか確認してほしい．

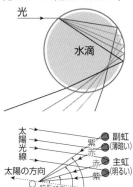

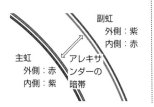

## ■ 酸塩基（pH）指示薬の色の変化

色が化学物質でできていることがわかる例として，pHの変化を確認できるフェノールフタレインやメチルオレンジなどの酸塩基（pH）指示薬があります．酸性領域では，メチルオレンジやメチルレッドが，アルカリ性領域では，フェノールフタレインが用いられます（**表12.1**）＊．

**表12.1** 代表的な酸塩基（pH）指示薬の色の変化

| 指示薬 | 色が変化するpH | | | |
|---|---|---|---|---|
| | 酸性側 | 色 | アルカリ性側 | 色 |
| メチルオレンジ | 3.1以下 | 赤 | 4.4以上 | 黄 |
| メチルレッド | 4.4以下 | 赤 | 6.2以上 | 黄 |
| フェノールフタレイン | 8.3以下 | なし | 10.0以上 | 赤紫 |

構造には酸性側の領域とアルカリ性側の領域で変化が見られます．酸性側は，【①　　　】イオン（H⁺）濃度が高く，アルカリ側では【②　　　】イオン（OH⁻）濃度が高い状態です（**図12.8**）＊．

酸性側（pH 8.3以下）
での構造（無色）

アルカリ性側（pH 10.0以上）
での構造（赤紫色）

フェノールフタレイン指示薬

酸性側（pH 3.1以下）
での構造（無色）

アルカリ性側（pH 4.4以上）
での構造（黄色）

メチルオレンジ指示薬

**図12.8** 酸塩基（pH）指示薬の構造

**WORK** ▶矢印間で隣どうしの分子を比べて変化した部分を丸で囲んでみよう！

指示薬の色が変化するpHの領域は異なるため，目的とするpHの領域によって使いわけます．フェノールフタレインの場合，環が開くか開かないか，メチルオレンジの場合，窒素（N）どうしの二重結合が，単

結合になり片側の窒素の部分に水素が付くか付かないかという構造変化によって色が変わるため，pH指示薬として使われています．

## ■ アントシアニンの色の変化

花の色もpHの変化で変化します．赤キャベツや赤じそに含まれるアントシアニンは，中性では紫色ですが，酸性になると水素が導入され赤色になります．また，アルカリ性で水素が引き抜かれると，青色を呈します*（図12.9）．酸，アルカリの変化は主に【③　　　　】のやり取りですが，水素イオン濃度によってアントシアニンの構造が変化します．

**Topic**
アジサイが赤や青などさまざまな色を発色するのも，土壌中のpHや含まれる金属との反応による．色素の構造が微妙に変化することで，私たちはアジサイの色の違いを楽しむことができる．

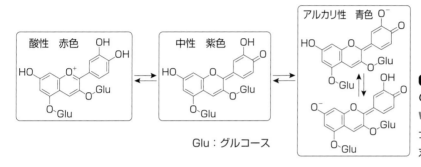

Glu：グルコース

**図12.9** アントシアニンのpHの違いによる構造と色の変化
**WORK ▶** 4か所の矢印間で隣同士の分子を比べて変化した部分を丸で囲んでみよう！

## ■ たんぱく質変性による色の変化

生きているエビやカニは赤くないのに，調理すると赤くなるのはなぜでしょう？　エビやカニは，【④　　　　　　　】という，カロテノイドの一種である赤い色素をもちます（図12.10a）．アスタキサンチンはタイやサケなどにも存在しています．アスタキサンチンは，たんぱく質が結びついたカロテノプロテインとして存在しています．この状態では青灰色ですが，加熱によってたんぱく質が【⑤　　　　】し，アスタキサンチンがたんぱく質から離れることで，本来の赤色に発色します．加熱以外にも，お酢やアルコールにつけたりすると，たんぱく質が変性し，鮮やかな赤色が現れます．魚介類はこのアスタキサンチンを自分で生合成できないので，アスタキサンチンを合成できる藻類や海洋性細菌などを食べることで体内に蓄えます．トマトやスイカには，カロテノイドの一種のリコペンが含まれています（図12.10b）．

たんぱく質の変性による色の変化がみられるほかの例として，赤身魚であるマグロやカツオを加熱すると褐色となります．これは，血液由来のたんぱく質である赤色の【⑥　　　　　　　】やミオグロビンがたんぱく変性するためです．

*たんぱく質の変性
加熱されることで，卵の白身や黄身が固まったり，生肉の色や匂いが変わったり，牛乳とレモン汁（酸性）などを混ぜると牛乳が分離したりする現象．

**Topic**
スイカやトマトやニンジンに含まれるカロテノイド系色素は，二重結合がひとつおきに複数連なった構造（共役二重結合という）である．この特徴的な構造は，赤系色を発色する．また，この二重結合が複数連なった赤色色素は，紫外線の影響をうけて退色しやすい性質をもつ．抗酸化剤を用いたり，直射日光や空気に接触しないように保存すれば退色を抑えることができる．

(a)アスタキサンチン

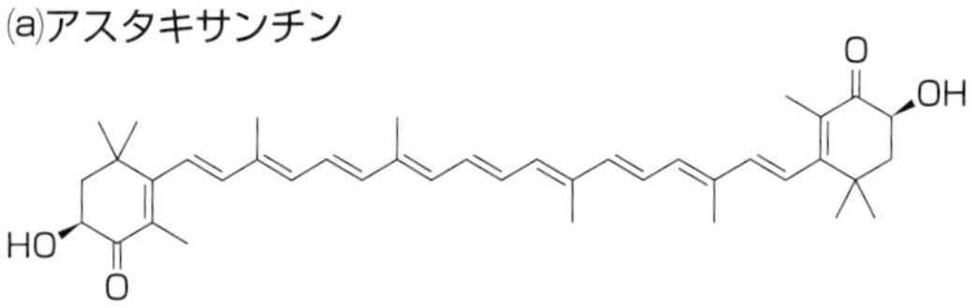

(b)リコペン

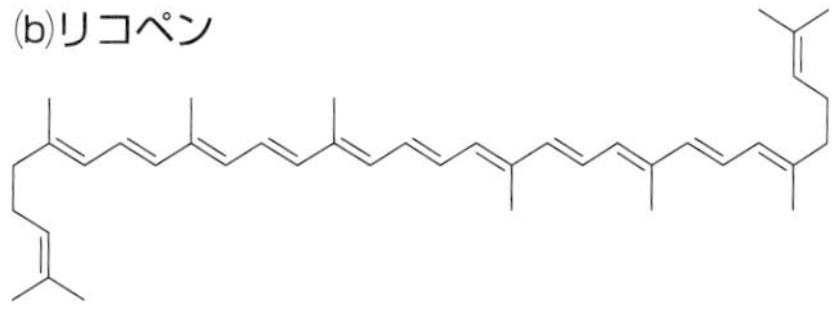

**図12.10** カロテノイド色素の構造

## 12章で学んだこと

● 可視光領域である一般的な虹の7色は，380 〜 780 nm の波長領域である．
● 花火は金属の炎色反応を利用した芸術である．
● 花火などの炎色反応やホタルなど生物発光の現象は，特定の物質が励起状態から基底状態に
　戻るときのエネルギーの放出によるものである．

## 実用知識 紫外線と私たちの健康について

　紫外線（ultraviolet, UV）は，地球に到達する太陽光線のうち，波長が短くエネルギーの高い光で，UV–A波（UVA, 400〜315 nm），UV–B波（UVB, 315 〜 280 nm），UV–C 波（UVC, 280 〜 100 nm）があります．UV–C 波以外は，地球のオゾン層を通過し地表に届きます．

　日焼けは，紫外線から皮膚を守るための生体防御機能ですが，UVB は，エネルギーが強く有害で，日焼けや皮膚がんの原因になり，UVA は日焼けやシワ，たるみなど肌の老化を引き起こします．QR コードにあるアメリカのトラック運転手の写真を見てください．運転手側の肌は強いシワやたるみが確認されます．どれほど UV が肌に影響するか実感できるでしょう．

　市販の日焼け止めクリームは，皮膚への紫外線の進入を防ぐ効果があり，製品のラベルに SPF 値（sun protection factor），PA（Protection grade of UVA）と呼ばれる紫外線防御効果の強度が記載されています．SPF 値は，主に日焼けの原因である UVB の遮断率を表します．たとえば SPF25 の場合は，日焼け止め未使用の場合と比較して紫外線が 1/25 になり，SPF50 は 1/50 になるという意味です．PA は主に UVA を遮断する効果を表しています．PA は＋（効果がある），＋＋（効果がかなりある），＋＋＋（効果が非常にある），＋＋＋＋（効果が極めて高い）の4段階で表記されます．1日の紫外線量の約60%が10 〜 14 時に降り注ぎます．さらに紫外線の量は，5 〜 9月にかけて多くなります．この期間の UV ケアは，しっかり行いましょう．

　1960 年代の日本では，日焼けした肌を『小麦色の素肌』と呼んだりしていました．しかし，現在では，できる限り紫外線を浴びないことが推奨されています．その一方で，ビタミン D 不足の問題もあります．骨を作るカルシウムの働きを助けるビタミン D は事からの摂取も可能ですが，紫外線によって皮膚で合成されるビタミン D の方が，量も多く体内で吸収されやすい特徴をもちます．

　日焼け対策をしつつ，ビタミン D を体内で合成するために日光浴を行うなど，紫外線とは上手に付きあっていきましょう．

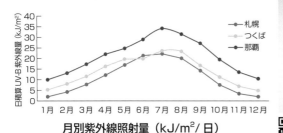

月別紫外線照射量（kJ/m²/ 日）
環境省，紫外線環境保健マニュアル（2015）より．

出典：The NEW ENGLAND JORNAL of MEDICINE　ホームページより
https://www.nejm.org/doi/full/10.1056/NEJMicm1104059

---

問題の解答
p.89 クイズ　①
テーマ1　①波長　②エネルギー　③紫外　④補色　／　テーマ2　①炎色　②基底　③励起
ギャラリー　①8,000　②アントシアニン　③リコペン　④アスタキサンチン　⑤葉　⑥茎
テーマ3　①水素　②水酸化物　③水素　④アスタキサンチン　⑤変性　⑥ヘモグロビン

# 第13章

# 家電と日用品の化学

## *Quiz*

赤ちゃん用の紙おむつに入っている高分子吸収剤は，尿を，高分子吸収剤の重さの何倍くらい吸収・保水することができるでしょうか？

① 2～3倍 　② 10～20倍 　③ 50～100倍

→答えは章末に

いろいろな日用品に，化学のしくみがかくれているんだよね．

電化製品で使われる化学のしくみってどんなものだろう？

　私たちが，今，あたりまえのように使っている紙おむつや使い捨てカイロは，生活をとても便利にしてくれています．おむつには高分子吸収体が，カイロには鉄粉や活性炭が入っています．これら日用品の便利さは，それら成分の化学的特性や化学反応によってもたらされています．また，冷蔵庫やクーラー，スマホやパソコンのディスプレイの液晶などにも，化学の原理が生かされています．

　このように，ふだん何気なく使っているさまざまな日用品に化学の技術が使われています．本章では，家庭生活でいつも使っている電化製品や日用品に隠された化学のしくみを学びましょう．

| テーマ1 | カイロはどうして熱くなるの？ |

## ■ 使い捨てカイロ

　鉄がさびる現象（鉄の【①　　　】反応*）を上手に活用した商品が「使い捨てカイロ」です．化学反応には，熱を出す【②　　　】反応と，熱を奪う【③　　　】反応があります．鉄（Fe）が空気中の【④　　　】（$O_2$）と反応することにより，水酸化鉄（III）〔$Fe(OH)_3$〕が生じます．その反応の過程で熱が出ます．カイロの中には，酸化反応を早める素材として，少量の水，木粉，塩などが入っています．また，反応のスピードを抑え，カイロの温度を長持ちさせるために，活性炭も入っています．

$$Fe + \frac{3}{4}O_2 + \frac{3}{2}H_2O \longrightarrow Fe(OH)_3 + 96\ kcal/mol \qquad （発熱）$$

　この反応は，鉄が酸素に接触すると進んでしまうため，使用前のカイロは空気を透過しないポリ袋に入れて売られています．

　鉄がすべて酸化されると，それ以上化学反応が進まなくなり，発熱が止まり，カイロとしての寿命を終えます．

## ■ 発熱反応を利用した弁当や熱燗

　カイロと同様に発熱反応を利用して，火を使わず加熱することで，弁当や熱燗を楽しめる商品があります．この商品のしくみは【⑤　　　】（CaO：酸化カルシウム）*と水の入った袋のひもを引っ張ることにより，これら2つが混ざりあい【⑥　　　】〔$Ca(OH)_2$：水酸化カルシウム〕*となります．その際に起こる発熱反応によって，弁当が温まったり熱燗が作れたりします．

$$CaO + H_2O \longrightarrow Ca(OH)_2 \qquad （発熱）$$

## ■ 冷却パック

　冷却パックは，発熱反応を利用した使い捨てカイロとは反対に，周りの熱を奪う吸熱反応を利用しています．

　冷却パックの袋の中には，固体の【⑦　　　　　　　】（$NH_4NO_3$：硝安）と，液体の【⑧　　　】（$H_2O$）が入っています．冷却剤を叩いて水の入った袋を割ると，硝酸アンモニウムと水が混ざります．すると，硝酸アンモニウムが水に溶け，吸熱反応が起こります．【⑨　　　】熱*により周囲から熱を奪い，周囲の温度が低くなります．

$$NH_4NO_3 （固体） \longrightarrow NH_4NO_3 （水溶液） - 6\ kcal/mol \qquad （吸熱）$$

---

*鉄は，酸化することによってさびる．詳しくは第10章を参照．

■ Topic ■
活性炭の表面には無数の穴がある．そこに酸素が入り込むため，酸素の量が調節され，燃焼が抑制されるようになっている．

*酸化カルシウム（CaO）
「生石灰」ともいう．製鋼剤，乾燥剤などに利用される．水と反応すると発熱する．

参考動画
加熱できる弁当
水と生石灰の発熱反応を利用し，弁当をあたためる様子．
https://www.youtube.com/watch?v=JT20MUFG0aA&feature=emb_logo

*水酸化カルシウム［$Ca(OH)_2$］
「消石灰」ともいう．こんにゃくの凝固剤や鳥インフルエンザの防疫に利用される．

■ Topic ■
石灰岩，貝殻や大理石の主成分の炭酸カルシウム（$CaCO_3$）は，チョークや農薬，研磨剤として利用されている．

*溶解熱
物質が水などの溶媒中に溶けるときに発生または吸収される熱量．一般的に発熱する場合が多いが，硝酸カリウム，硝酸アンモニウムなどの場合は熱を吸収する．冷却パックは数少ない吸熱反応を活用した製品である．

テーマ2

# 冷蔵庫はなぜ冷やすことができるの？

## ■ 状態変化と熱の吸収

　物質が，固体から液体，液体から気体，固体から気体に変化するとき，周囲から，【① 　　　】熱，【② 　　　】熱（気化熱），【③ 　　　】熱を奪います（p.67 参照）．

　氷と食品などを同じ場所に貯蔵する「氷室（ひむろ）」は，氷の融解熱を利用した冷蔵方法です．注射の前にアルコール消毒を行うと皮膚が冷たく感じるのは，アルコールが蒸発しやすく，皮膚から蒸発熱（気化熱）を奪うためです．保冷材に用いるドライアイスは昇華熱を利用して冷却します．

## ■ 冷蔵庫のしくみ

　冷蔵庫は，食品を低温保存することで細菌の繁殖を抑えます．冷蔵庫の中では，冷媒の液体が気体に変化する際に蒸発熱（気化熱）を奪って温度を下げることと，気体を圧縮して高温にしたものを冷やして液体にすることが，下の①〜④のように繰り返されています（**図 13.1**）．冷蔵庫の中は冷えているのに，冷蔵庫の外側や裏側が熱くなるのは，気体から液体になる際に，【④ 　　　】熱を放出するからです．

①冷却器に送られた液体の冷媒が，急激に圧力を下げられ膨張することで，気体になる．その際に蒸発熱（気化熱）によって周りの熱を奪い，庫内を冷やす．

②気体になった冷媒は電気を使った圧縮機（コンプレッサー）で圧縮され，高温・高圧の気体になる．

③その高温・高圧の気体は，放熱器を通るうちに放熱して冷やされ，液体になる（冷蔵庫の裏側などが熱くなるのはそのためである）．

④その液体が再び冷却器に送られ，①の冷却器が庫内を冷やす．

## ■ 冷媒

　かつて，冷蔵庫やクーラーの冷媒としてフロンが使われていました．しかし，特定フロンの使用が制限されるようになり，代替フロンに代わり，現在は【⑤ 　　　　　　】が主流です．ノンフロンは炭化水素で，着火の危険がありますが，危険性を最小限に抑えて使用されています（**表 13.1**）．

**表 13.1** フロン系・ノンフロン系の冷媒* の種類

| | 組成 | オゾン層破壊の影響 | 地球温暖化への影響 |
|---|---|---|---|
| CFC 類（特定フロン） | 塩素，フッ素，炭素 | あり | あり |
| HFC 類（代替フロン） | 水素，フッ素，炭素 | なし | あり |
| HC 類（ノンフロン） | 炭化水素 | なし | 非常に少ない |

**WORK** ▶組成の同じ元素を同じ色で囲んでみよう！

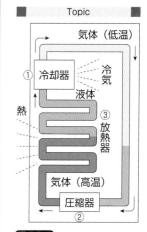

# GALLERY

## ◉ オゾン層とフロン

　地球に存在する大気には，オゾン（$O_3$）を多く含む【① 　　　　　】層があります．オゾン層は，太陽からの有害な【② 　　　　　】が地上に到達するのを防ぎます．オゾン（$O_3$）は，酸素分子（$O_2$）が紫外線を吸収してO原子に解離し，そのO原子と$O_2$分子が結合してできます．しかし，フロン（$CCl_3F$など）が紫外線を吸収するとCl原子が生じ，それがオゾン（$O_3$）のOと結合して，一酸化塩素（ClO）と酸素分子（$O_2$）になるため，オゾン（$O_3$）が減り，オゾン層が破壊されます．

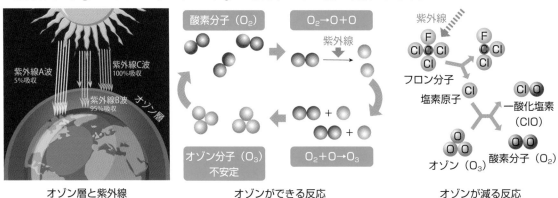

オゾン層と紫外線　　　　　　　　オゾンができる反応　　　　　　　　オゾンが減る反応

# Quiz

地球の上空 15 〜 50 km にあるオゾン層は，どこにあるでしょうか？

①北極・南極上空　②赤道上空　③地球全体の成層圏

→答えは章末に

## COLUMN 1 　　　　　　紙おむつと高分子吸収材

　綿の布を重ねたおむつは，処理や洗濯などに手間がかかるため，現在では，使い捨ての紙おむつが主流となりました．この紙おむつには，高い吸水性と保水性をあわせもつ高分子吸収材が使われています．紙おむつに使用されている高分子吸収材のほとんどが，「ポリアクリル酸塩」です．ポリアクリル酸塩は，白色〜淡黄色の無臭の粉末で，吸水した水をしっかりと保水してくれます．それによって，紙おむつからの尿漏れなどを防いでいます．

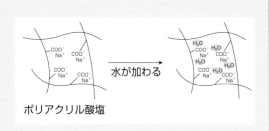

ポリアクリル酸塩

## ◉ 温室効果ガス

フロン類は，地球温暖化をもたらす【③　　　　　】ガスで
もあります．フロンは非常に高い温室効果をもちます．ほかの温室
効果ガスとして，二酸化炭素，メタン，一酸化二窒素などがありま
す．右の表のように，【④　　　　　】の温室効果は高くあり
ませんが，化石燃料の使用などによって量が圧倒的に多いため，地
球温暖化の大きな原因だと考えられています．温暖化が進むと，生
態系に大きな影響を与えたり，南極の氷が溶けて海水面が上がるな
ど，地球規模の大きな環境変化が起こりえます．

### 温室効果ガスの地球温暖化係数

| 温室効果ガス | 地球温暖化係数 |
| --- | --- |
| 二酸化炭素 | 1 |
| メタン | 25 |
| 一酸化二窒素 | 298 |
| 代替フロン | 1430 など |
| 六フッ化硫黄 | 22800 |

温暖化が進むと南極の氷が溶け，海水面が
上がる可能性がある．

海抜の低い場所が浸水しやすくなる可能
性が出てくる（写真はヴェネチア）．

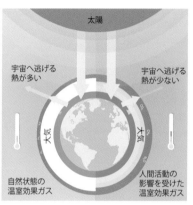

温室効果ガスは，地表で反射した太陽光の熱
（赤外線）を吸収してしまい，それが再び地球
に降り注ぐため，温暖化する．

---

**COLUMN 2**　　　　　鉄の赤さびと黒さび

使い捨てカイロは，鉄が酸化鉄になる際の発熱反応を利用して
います．鉄が酸化するとさびができることは第10章で学びまし
た．

鉄を腐食させてしまうさびは「赤さび」です．赤さびは化学式
で書くと酸化第二鉄（$Fe_2O_3$）で，赤みがかった色になり，鉄が
ぼろぼろになる状態です．

赤さびができるのを防ぐために，鉄を高温で熱して酸化させる
ことで「黒さび」〔化学式は四酸化三鉄（$Fe_3O_4$）〕にします．か
なづちやフライパンが黒く加工されているのは，鉄を加熱加工し
て，あらかじめ表面に黒さびで膜を作り，鉄と酸素が触れないよ
うにコーティングしてあるからです（p.74 参照）．

# テーマ3　液晶ってなに？

物質には，固体，液体，気体の三態があります（第9章参照）．さらに，固体（crystal，結晶）と液体（liquid）の中間状態を，【①　　　】（liquid crystal）といいます．

液晶は，液体の【②　　　】性と結晶の【③　　　】性の両方を兼ね備えています．液晶は電圧によって動き，配列方向を変えます．

液晶ディスプレイ*は，2枚の電極で液晶をはさみ，その電極間に【④　　　】をかけたり切ったりして液晶分子を動かします（**図13.2**）．電圧の加減によって，液晶分子の並び方が変わることで，すり抜ける光をコントロールして，画像や映像を映し出します．

*液晶ディスプレイのことをLCD (liquid crystal display) という．薄型テレビやスマートフォンに使用されることで，とても色鮮やかで，高い画質の画像を見ることが可能になった．

液晶ディスプレイのしくみ
https://www.youtube.com/watch?v=9T1xTK-VlvY

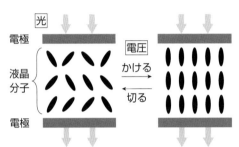

**図13.2** 液晶ディスプレイ内のモデル図

典型的な液晶の分子構造を**図13.3**に示します．硬い骨格部分（2個のベンゼン環）と軟らかい鎖状の部分（炭素側鎖）からできています．さらに，電場や磁場に応答できる極性基をもちます．

硬い部分は方向を保つための骨格で，規則的に配列しようとします．柔らかい部分は糸状の構造で流動性を与えます．熱を加えると，それぞれの部分が相反するような働きをするために，固体と液体の中間的な性質を示します．

このような分子が，薄型テレビやスマートフォンの液晶ディスプレイ（LCD）の中に入っているのです．

*液晶は，加熱していくと白濁した液体となり，最終的に透明な液体になる性質をもつ．この透明な液体を冷却すると，紫色，緑色，赤色などさまざまな色が現れる．

柔らかい鎖状部分　　　硬い骨格部分　　　　極性基

C-C-C-C-C-〇-〇-CN

5:10

**図13.3** 典型的な液晶の分子構造

**WORK** ▶分子の3つの部分をそれぞれ違う色で塗ってみよう！

## テーマ4　電子レンジとオーブンはどうやって食材を温めるの？

### ■ 電子レンジ

　電子レンジは【①　　　　　】波（p.90 図 12.3 参照）を使用して水分子（$H_2O$）を振動させることにより，食材を温めています*．ほとんどの食材には水分子が含まれます．水分子は酸素側がマイナスで水素側がプラスの性質をもつ極性分子です（p.66 参照）．外部電界がない通常の場合，水分子は，ばらばらの向きを向いています．これにより，プラスマイナスがゼロとなり，電荷に偏りはありません．しかし，電子レンジが発したマイクロ波によって外部から加わった電界*のプラスとマイナスの向きを短時間で交互に変更させると，極性をもつ水分子は上下に激しく動きます（**図 13.4**）．その振動と【②　　　　　】によって熱が発生し，食材が温まります*．

　電子レンジで使うマイクロ波の周波数は，2,450 MHz*です．この周波数は水に吸収されやすく，水分子をよく振動させるので，水分を含む食材を芯から温めることができます．

***熱と温度**

原子と分子は常に細かく振動している．私たちは，この振動の度合いを「温度」とよんでいる．熱エネルギーが物質に伝わったとき，原子と分子の振動が激しくなることで，温度が上昇する．つまり，温度を上げるためには，原子と分子の振動を強めればよい．

***電界**

電圧がかかっている空間の状態．送電線などの電力設備や，家庭電化製品の周り，静電気が起こっている場所に生じる．ほかにも雷雲と大地の間にもかなり大きな電界が生じている．

この空間に電界が発生している

*** 2,450 MHz**

波が，1 秒間に 24 億 5 千万回繰り返すという意味．

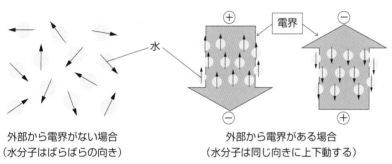

外部から電界がない場合
（水分子はばらばらの向き）

外部から電界がある場合
（水分子は同じ向きに上下動する）

**図 13.4** 電子レンジ内部の水分子の動き

### ■ オーブンレンジ

　オーブンレンジは熱線ともよばれる【③　　　　】線（p.90 図 12.3 参照）で，水だけでなくほとんどの分子を振動・摩擦させ熱を発生させます．そのため，表面から温まり，焦げ目がつくこともあります．

　コンビニ弁当をオーブンレンジに入れたら容器が溶けてしまいますが，電子レンジで温めれば食材だけがあたたまります．容器には水分子が含まれないからです．マイクロ波と赤外線の加熱の原理の違いから，ご飯は，電子レンジで加熱することで内部がホカホカに，パンは，オーブントースターで加熱することで外がカリカリで中は柔らかい食感になります．そのように調理器具を使い分けています．

# 13章で学んだこと

● 使い捨てカイロと冷却パックは，発熱反応および吸熱反応を利用している．
● 冷蔵庫やクーラーは，液体が気体になるときに周りの熱を奪う性質を利用し冷却している．
● 紙おむつは高分子吸収剤のおかげで，大量の尿を吸収してくれる．
● 液晶画面は，硬い部分と柔らかい部分をもつ液晶分子によってさまざまな色を作り出す．

## 実用知識 鉛筆で書いて消しゴムで消せるしくみ

　紙に鉛筆で字が書けるのは，鉛筆の芯に含まれる黒鉛が，紙の上に残るからです．黒鉛は，炭素の結晶です．黒鉛の結晶構造を「グラファイト」といい，炭素の六角形が蜂の巣のようにつながった平面構造が，層状に積み重なったものです．炭素の結合（共有結合）に使う手を，4本中3本しか使っていません．紙の表面はざらざらしていて黒鉛はくずれやすいため，紙とこすれあうと削れて紙の上に残るのです．

　鉛筆の芯は，黒鉛と粘土を混ぜたものです．その比率が変わることで，芯の硬さが変わり，硬さはH（hard の略）やB（black の略）で示されます．Hの芯は粘土の比率が高いため硬く，Bは黒鉛の比率が高いため柔らかくて黒色が濃くなります．

　入学試験のマークシートを塗りつぶすために鉛筆が指定されるのは，黒鉛に含まれる炭素の赤外線反射率がよく，正確に読み取れるからです．

　ダイヤモンドも炭素の結晶ですが，4本すべての手を使って結合しているので，とても固く，色も透き通った巨大分子となります．鉛筆の芯とダイヤモンドは，同じ炭素の結晶なのに，硬さも価格も大きく異なります．

　ところで，鉛筆で書いた文字が，消しゴムで消せるのはなぜでしょう．それは，消しゴムでこするこ

とで，紙の表面の黒鉛が消しゴムに移るからです．サインペンやボールペンの文字が消しゴムで消せないのは，インクが紙の表面だけでなく紙の中にまでしみこんでいて，取り除くことができないからです．インクの文字も消すことができる砂消しゴムには，研磨剤が配合されていて，紙の表面だけでなく中心部まで削り取ります．そのため，紙が削られて，その部分だけ薄くなるので，使用には注意が必要です．

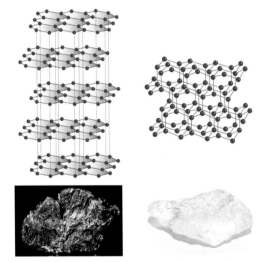

黒鉛（グラファイト）　　ダイヤモンド

# 第14章

# 電気と電池の化学

## *Quiz*

現在，スマートフォンで主に使用されている充電池は，次のうちどれでしょうか？
①リチウムイオン電池　②アルカリ乾電池　③鉛蓄電池　　□→答えは章末に

電池には使い切りのものと，充電できるものがあるんだね．

電気を作るための発電方法には，どんなものがあるのかな？

　電気エネルギーは，今や私たちの生活に欠かせないものです．コンセントから電気をとっていろいろな電気機器を使用したり，スマートフォンの中のリチウムイオン電池や乾電池，ボタン電池などさまざまな電池を使ったりしています．本章では，電池の種類や原理，開発の歴史，さらには電気エネルギーを作る発電方法についても学習していきましょう．

## テーマ1 　電池のしくみってどうなってるの？

■　Topic　■
電流と電子の流れは反対である．ボルタが電池を発明した当時，銅板側を正（プラス）極，亜鉛板側を負（マイナス）極とし，プラスからマイナスへ電流が流れるものとされていた．しかし，19世紀の終わり頃，電子が発見された．この電子は，マイナスの電荷をもっているので，負極側から正極側に流れる．したがって，電流は正極から負極に流れるが，電気はマイナスの電子が正極に流れることで発生している．すでに普及していた電流の向きを変更することができず，現代も電流の流れる向きと電子の流れる向きは逆のまま使用している．

電池の最も基本的な原理は，マイナスの性質をもつ電子が移動することで電気が発生するというものです．

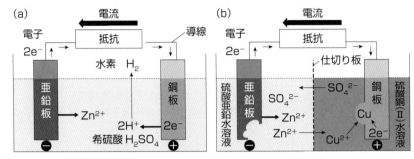

**図14.1** ボルタ電池（a）とダニエル電池（b）

1800年に発明された【①　　　　　】電池は，亜鉛（Zn）と銅（Cu）を希硫酸（$H_2SO_4$）中に浸したものでした．亜鉛は銅よりもイオン化傾向が大きく，【②　　　　】を放出して陽イオン（$Zn^{2+}$）になります（**図14.2**）．このように「電子を放出する」のは，マイナスの性質で，亜鉛側を【③　　　　】極（負極または陰極）といいます．電子が移動する過程で，電流が流れます．移動した電子は【④　　　　】極（正極または陽極）の銅が受け取り，希硫酸中の水素イオンに電子を与えることで水素ガスが発生します（**図14.1a**）．

ボルタ電池では，電気を生み出す過程でプラス極の銅の表面に水素ガスがたまって電子を受け取りにくくなり，起電力がなくなります．これを分極といいます．その欠点を補ったのがダニエル電池です．ダニエル電池では，素焼きの仕切り板で溶液を分離し，溶液も希硫酸水溶液ではなく硫酸銅（II）（$CuSO_4$）および硫酸亜鉛（$ZnSO_4$）水溶液を用いることで，分極を生じない電池が発明されました（**図14.1b**）．

このように電池は，金属どうしや炭素などの電子のやり取りによるものです．これまで，鉛蓄電池，ニッケルカドミウム電池（ニカド電池），リチウムイオン電池など，便利な電池が次々と発明されてきました．

＊$H_2$（水素）より左側に位置する金属は，イオン化傾向が大きく，溶液中で電子を放出しやすい（陽イオンになりやすい）．その反対に位置する銀，プラチナ，金などの貴金属は，ほとんどイオン化することがなく安定である（第1章参照）．金属のイオン化傾向には，「リッチに貸そうかな　まあ　あてにすんなひどすぎる借金」という語呂あわせが存在する．

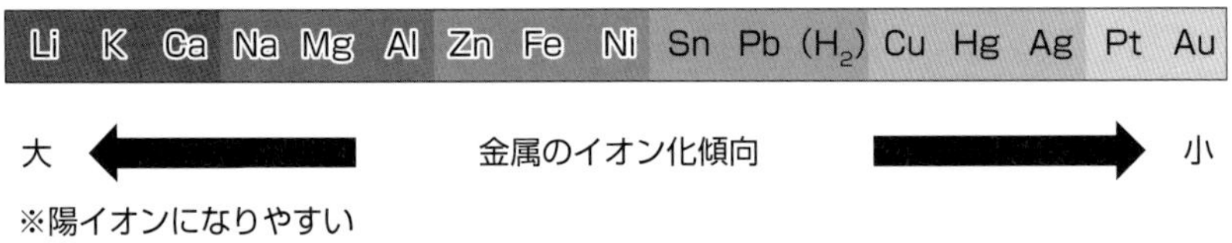

| Li | K | Ca | Na | Mg | Al | Zn | Fe | Ni | Sn | Pb | (H₂) | Cu | Hg | Ag | Pt | Au |

大 ← 　　　金属のイオン化傾向　　　 → 小

※陽イオンになりやすい

**図14.2** 金属のイオン化傾向

金属は，陽イオンになりやすい金属と，なりにくい金属がある．その性質に従って並べたものが金属のイオン化傾向である＊．

| テーマ2 | **リチウムイオン電池ってなに？** |

## ■ 電池の種類

電池は，化学反応を利用する【①　　】電池と，光や熱を利用する【②　　】電池の２種類にわけることができます（図14.3）．化学電池は，イオン化傾向に基づいた金属間の電子のやり取りで電気を作ります．すなわち，化学反応を電気エネルギーに変換しています．化学電池には，一度限りで使い切る【③　　】電池と，何度も充電して使用できる【④　　】電池や【⑤　　】電池があります．一方，化学反応を伴わず光や熱を電気エネルギーに変換するのが物理電池です．屋根などに設置してある太陽光電池（p.111参照）は，物理電池です．

## ■ リチウムイオン電池と全固体電池

現在，広く普及しているスマートフォン，携帯ゲーム機，ノートパソコンや電気自動車などには，二次電池である【⑥　　　　】電池が使われています（図14.4a）．リチウムイオン電池の次に注目されているのが，【⑦　　　　】電池です（図14.4b）．これまでの電池は負極，正極の間に電解液を使っていました．全固体電池の場合，液体を使用せず固体だけでできているので，液漏れの心配がなく安全性が高まるほか，小型化することが可能です．どんな形や大きさにしても大きな出力を出すことができるため，いろいろな形状のものを作ることができ，充電時間も格段に短縮されるというメリットがあります．電気自動車に利用できれば，現在では難しい長距離移動が可能となります．しかし，まだまだ実用化のために解決しなければならない課題があり，大手自動車メーカーや電機メーカーなどが開発にしのぎを削っています．近い将来，全固体電池を搭載した電気自動車が世界を駆けまわる日がくるかもしれません．

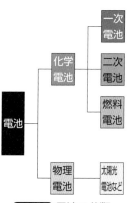

**図14.3** 電池の分類

> **Topic**
> 一般的な詰め替え用のアルカリ乾電池は，単1から単5まで指定のサイズを購入して使用する（p.109参照）．鉛蓄電池は，エンジン付きの自動車で広く使われており，自動車のライトやクーラーやオーディオセットなどの電気の供給源である．エンジンで走っているときに車輪の回転を利用して充電（蓄電）している．

> **Topic**
> 2019年，旭化成の吉野彰博士が「リチウムイオン電池の開発」によって，ノーベル化学賞を受賞された．

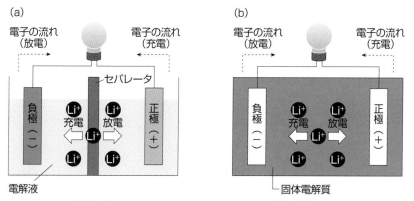

**図14.4** リチウムイオン電池（a）と全固体電池（b）

# GALLERY

## ◉ 日本の電力はいま

2011年3月11日に起きた東日本大震災により，日本の電力構成比は大きな転換点を迎えました．2010年までの電力構成比は，原子力，石炭，天然ガスの順に多く利用されていましたが，2017年では，天然ガスおよび石炭発電への依存度がとても高い状況に変化しています．

風力発電

太陽光発電

地熱発電

原子力発電

水力発電

火力発電

# *Quiz*

日本の電力構成比を示す下のグラフのA，B，Cにあてはまる電源を以下の選択肢から選びましょう．

①天然ガス（LNG）　②石炭　③原子力

A ☐　B ☐　C ☐ →答えは章末に

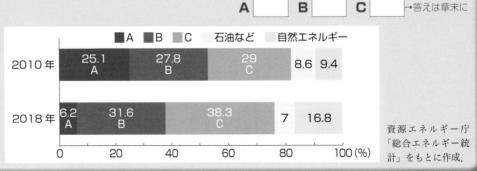

資源エネルギー庁「総合エネルギー統計」をもとに作成．

## ◉ 円筒形乾電池の国際規格

乾電池は世界中で使用されるため，国際規格（IEC*）によって規格が統一されています．どの国の乾電池でも同じように使用できます．日本では，一般的に単1形，単2形，単3形と呼びますが，【① 　　　　　　　】*（JIS）では，IEC と同じ呼び方（LR20，R14 など，アルカリ乾電池は LR，マンガン乾電池は R を使用）を用いています．アメリカでは，AA や AAA を使用しています．

| 日本の呼び方 | 米国の呼び方 | 国際規格 (IEC, JIS)* | 直径 (mm) | 高さ (mm) |
|---|---|---|---|---|
| 単1形 | D | LR20 | 34.2 | 61.5 |
| 単2形 | C | LR14 | 26.2 | 50.0 |
| 単3形 | AA | LR6 | 14.5 | 50.5 |
| 単4形 | AAA | LR03 | 10.5 | 44.5 |
| 単5形 | N | LR1 | 12.0 | 30.2 |

\* International Electrotechnical Commission の略．

\* 工業標準化法が一部改正され，「産業標準化法」に変更された．以前は日本工業規格（JIS）と呼んでいたが，令和元年7月1日から日本産業規格（JIS）に変わっている．JIS とは，Japanese Industrial Standards の略．

アルカリ電池　　ニカド電池　　リチウム電池　　ニッケル水素電池

鉛蓄電池　　マンガン電池　　リチウムイオン電池　　ボタン電池

アルカリ電池，リチウム電池，ニッケル水素電池，マンガン電池の写真提供は，パナソニック株式会社．

---

**COLUMN　ニカド電池などのメモリー効果**

　従来のニッケル水素電池やニカド電池のような充電して使用する電池の場合，充電池の電力を最後まで放電し，内部の電気がすべてなくなってから充電することで，本来の容量をフルに使えるようになります．しかし，まだ電力がある状態で充放電（継ぎ足して充電）を繰り返すと，電池が「短い時間だけ使用する」ことを記憶するため，次回使ったときに電池の電力を十分に使うことができません．この現象をメモリー効果といいます．その場合，充電池を最後（終止電圧）まで放電（リフレッシュ）し，再び充電するとよくなることがあります．

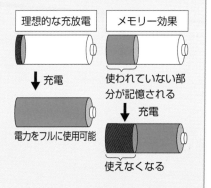

理想的な充放電　→充電　電力をフルに使用可能

メモリー効果　使われていない部分が記憶される　→充電　使えなくなる

　一方，スマートフォンなどで多く使われているリチウムイオン電池には，このメモリー効果がありません．逆に完全に使い切ってからの充電は電池の劣化を進めるので，空になる前に充電を開始すべきです．

# テーマ3　自然エネルギーにはどんなものがある？

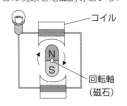
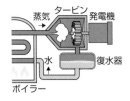

　発電の基本は，タービンを回して電気を発生させることです．タービンを回すために【①　　　　　　】である石油と石炭，天然ガスや原子力などが使われ，世界の電力がまかなわれていますが，有限の化石資源の使用には限りがあり，原子力では事故が起きた場合に放射能汚染が危惧されます．そこで，燃料が不要で，排気ガスなどが出ない発電方法である【②　　　　　　】への移行が注目を集めています．

## ■ 水力発電

　古くからある自然エネルギーの利用方法で，ダムに貯めた水を高い場所から流し，タービンを回すことで発電します（図14.5）．山の多い日本にはぴったりの発電方法です．課題として，起伏の多い山に作るため，建設や送電のコストが莫大になります．また，降水量の影響を受けやすく，雨が長期間降らないと発電できません．最近では，上下水道や農業用水を利用する【③　　　　】発電＊も行われています．

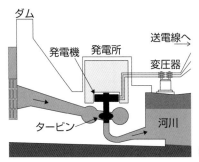

ダム
発電機　発電所　送電線へ
変圧器
タービン　河川

**図14.5** 水力発電のしくみ

## ■ 風力発電

　風でブレード（風車の羽根）が回転し，増速機がギア比で回転数を増やします．その回転を発電機が電気に変換しています（図14.6）．しかし，風がないと発電できないため，季節によって発電量が不安定であること，また台風などの強風で壊れてしまう可能性があることなどが問題となります．日本国内では青森県＊に最も多く設置されています．

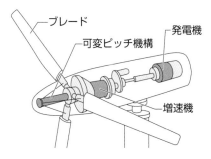

ブレード
可変ピッチ機構　発電機
増速機

**図14.6** 風力発電のしくみ

## ■ 地熱発電

地球の【④　　　　】がもつ熱エネルギーを使い，蒸気を発生させてタービンを回し発電します（**図14.7**）．発電するためのエネルギー供給に，昼夜の差や季節による変動がなく安定しています．マグマを利用するのでエネルギーが枯渇する心配はありません．ただ，調査や建設に莫大な費用が必要です．さらに，火山がある場所は国立公園内や温泉地などで開発が難しく，国内では東北地方と九州地方\*に集中しています．

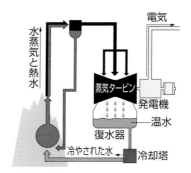

**図14.7** 地熱発電のしくみ

## ■ 太陽光発電

自然エネルギーの中で現在最も発電量の多い発電方法です．主にシリコン系，化合物系，有機系があります．現在の主流は【⑤　　　　】系で，世界の太陽光パネルの生産量の約8割をしめます．太陽電池の代表的な構造は，p型とn型\*の半導体を重ねあわせたものです．p型とn型を組み合わせた太陽電池に光が照射されると，電子と正孔\*が生じ，p型側が正，n型側が負に帯電し，起電力が発生します（**図14.8**）．

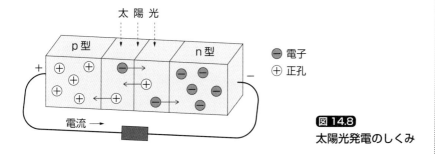

**図14.8**
太陽光発電のしくみ

## ■ バイオマス発電

木くずや可燃性ごみや廃油など，生物資源を燃やす熱でタービンを回して発電する方法です．ほかにも家畜の糞尿や生ごみ，下水汚泥からメタン発酵してガスを作る方法もあります．バイオマスの炭素は光合成の成長過程で大気中から吸収した二酸化炭素に由来するため，使用しても全体として見れば，大気中の二酸化炭素（$CO_2$）の増加にはつながらない，【⑥　　　　　　　　】である発電方法です．建設する際の地理的自由度は高いのですが，廃材や残飯などの量を安定して確保することや，悪臭などのためにそれらの保管場所の確保が困難な場合があります．

地熱発電のしくみ
JOGMECchannel
https://youtu.be/66wjHj84Lo0

地熱発電の取り組み
JOGMECchannel
https://youtu.be/RGhP1JW559E

\*主に，北海道，岩手県，秋田県，宮城県，福島県，東京都（八丈島），大分県，鹿児島県で稼働している．

**\*p型とn型**
p型の「p」は「positive（正）」，n型の「n」は「negative（負）」の意味をもつ．

**\*電子と正孔**
電子は負（マイナス）に帯電しており，電子が移動してできた穴（ホール）を正孔という．

**\*カーボンニュートラル**
カーボンニュートラルとは，炭素循環により炭素排出をゼロにすることである．大気中に排出された $CO_2$ と植物などが光合成により吸収した $CO_2$ の量が，プラスマイナスゼロになる（炭素循環）ことをカーボンニュートラルであるという．石油や石炭などの化石燃料は，石油などにすでに固定されて炭素が，燃焼によって大気中に $CO_2$ の形で排出され温暖化を招く．現代社会では，温暖化防止策が強く求められている（p.101参照）．

## 14章で学んだこと

● 電池は，金属どうしや炭素などの間で，マイナスの性質をもつ電子が移動することによって電気を生み出す．

● イオン化傾向の違いを利用して電池が作られる．イオン化傾向の大きな金属が電子を放出して電気が流れ，その金属が負極となる．

● 近年，化石資源や原子力発電に代わり，自然エネルギーの活用が注目を集めている．

## 実用知識 スマートフォンのバッテリーを長持ちさせる方法

スマートフォンは，電力を大量に消費します．スマートフォンのバッテリーに利用されているリチウムイオン電池は，さまざまな形に加工が可能で，軽量で小さく，くりかえし充電と放電ができ，一度充電すれば長時間使用ができる容量の大きい電池です．

リチウムイオン電池は，使い方を注意すれば，長期間の使用が可能です．その注意点とは，

①長時間充電を満タンにしたまま放置しておくと劣化するので避ける．
②容量が空の状態からの充電や，長期間，空のまま放置しておく過放電も禁物．
③温度変化に弱いので，真夏の高温・高湿度の車内や冬に暖房の効いていない寒い場所に放置しない．
④長期保存する際はフル充電の半分程度の容量にしておく．

リチウム電池が使用されている電化製品は長期間使わない場合には，電力を半分くらい使った状態で保管することが望まれます．買ったばかりの携帯電話の電池がフル充電されていないのはそのためです．また，寒暖差が大きいとスマートフォンやノートパソコンがうまく起動しない場合があります．充電中は高温になるので，できる限り負荷の大きな作業を避けましょう．

リチウムイオン電池はとても便利な電池ですが，破損した場合や充電池の劣化で交換が必要になる場合，交換にかかる費用は高額です．先ほど説明したように①過充電，②過放電を避け，③高温多湿や④極低温下を回避することの4点に気をつけて使用すれば，より長く使い続けることができます．

# 第15章

# 石油とプラスチックの化学

## *Quiz*

スーパーの袋やペットボトルなど，プラスチックの原料となるのは，次のうちどれでしょうか？

①アルミニウム　②石炭　③石油　[　　　　]→答えは章末に

中東の油田

石油タンカー

石油コンビナート

プラスチックは，化石資源である石油から作られているんだよね．

プラスチックはとても便利だけれど，廃棄物の問題もあると聞いたことがあるわ．

　プラスチックが普及する以前は，たとえば，豆腐を買うとき，家の近くに来た豆腐屋さんに，持参した両手鍋に豆腐を直接入れてもらっていました．今では，プラスチック製の容器に充填（じゅうてん）され，ヒートシールでしっかり密封した状態で販売されています．プラスチック製品の普及は，私たちの生活様式を大きく変革させました．

　しかし近年，プラスチックの廃棄処理問題やそれに伴う環境汚染，原料となる化石資源（石油，天然ガス，石炭など）の枯渇問題など，多くの問題に直面しています．本章では，プラスチックの原料や種類，リサイクルなどについて学習していきます．

## テーマ1 石油をどうやって利用するの？

### ■ 石油の蒸留

中東地域の油田で採掘された原油は，石油タンカーで日本国内の海岸沿いにある石油コンビナートへ運ばれ，処理されます．

原油は，蒸留され留分としてさまざまな成分に分けられます（**図15.1**）．常圧蒸留装置の中に加熱炉で350℃に熱した原油を吹き込み，【①　　　】の近いものに分けて取り出します．炭素数の少ない【②　　　】の成分ほど沸点が低くなる性質を利用した方法です（**表15.1**）．

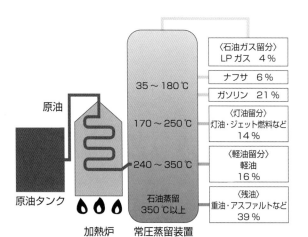

**図 15.1** 原油の精製

**WORK** ▶ ガソリン・ナフサの留分に色を塗ろう！

**表15.1** 留分の炭素数と沸点

| 留分 | 炭素数(約) | 沸点（℃） | 用途 |
|---|---|---|---|
| ナフサ | 2～7 | 35～180 | 石油化学原料 |
| ガソリン | 6～12 | | 自動車用燃料 |
| 灯油 | 10～18 | 170～250 | 灯油，ジェット機用燃料 |
| 軽油 | 18～23 | 240～350 | ディーゼルエンジン用燃料 |
| 重油 | 18～ | 350～ | 工業用ボイラー燃料，火力発電用燃料 |

### ■ 石油の留分

＊ LP ガス の LP と は，Liquefied Petroleum の略である．液化石油ガスともいい，液化プロパンガスの略称ではない．

ガス留分は，常温ですでに気体になっている LP ガス＊などです．これらは回収され，そのまま燃料として利用されます．

【③　　　】はエチレンなどを含み，プラスチックなど石油化学製品の原料になります．

【④　　　】は，自動車の燃料としても使われ，高い利用価値をもちます．そのため，少しでも多くのガソリンを得るための化学的処理がなされます＊．

【⑤　　　】は，石油ストーブの燃料になります．

【⑥　　　】は，トラックやバスなど，ディーゼルエンジンの燃料として利用されます．

【⑦　　　】は，工場や船の燃料や火力発電所の燃料として使われます．さらに炭素鎖が長い成分は，ワックスや道路の【⑧　　　　　】となります．

＊炭素鎖の短い留分を化学反応によってくっつけガソリンの長さの炭素鎖にした「アルキレートガソリン」，重質ナフサに水素を添加した「改質ガソリン」，熱処理や触媒処理することで長い炭素鎖を切断し，ガソリンの炭素鎖の長さまで小さくした「分解ガソリン」など．最初からガソリンサイズの炭素鎖をもつものは「直留ガソリン」という．

このように，原油のすべての成分を有効活用しています．

## テーマ2　プラスチック製品にはどんなものがある？

ナフサ（エチレン）から加工されたプラスチック（合成樹脂）は，現代の私たちの生活の中になくてはならないものです．私たちは，石油製品に囲まれて生活しているといっても過言ではありません．

プラスチック (plastic) という言葉には，「可塑*性物質 (plasticisers)」という意味があります．プラスチックの約90％は，リサイクル可能な【① 　　　】性樹脂*で，残り10％は【② 　　　】性樹脂*です（図15.2）．

合成樹脂

| 熱可塑性樹脂 | 熱硬化性樹脂 |
|---|---|
| ポリエチレン | エポキシ樹脂 |
| ポリプロピレン | ウレタン樹脂 |
| ポリスチレン | フェノール樹脂 |
| スチレン・ブタジエンゴム | 尿素樹脂（ウレア樹脂） |
| ポリエチレンテレフタレート(PET) | 不飽和ポリエステル樹脂 |
| ポリ塩化ビニル | シリコーン樹脂 |
| ポリカーボネート | |
| ナイロン（ポリアミド） | |
| エステル | |
| ポリフルオロエチレン（フッ素樹脂） | |
| シアノアクリレート | |

熱可塑性
加熱して冷やせば元の形に再生可能（チョコレートのイメージ）

熱硬化性
加熱して元の形に戻せない（ビスケットのイメージ）

**図15.2 熱可塑性樹脂と熱硬化性樹脂**

**WORK** ▶聞いたことのある樹脂の名前にマーカーで色をつけよう！

私たちの身の回りにあるプラスチックで代表的なものをあげてみます．

レジ袋やお菓子の包装袋，クリアファイルや車のバンパーなどは【③ 　　　】や【④ 　　　】というプラスチックでできています．

CDやDVDの円盤は硬い【⑤ 　　　】でできています．

【⑥ 　　】樹脂は少し硬めのプラスチックで，テレビやパソコンや掃除機などの外枠（筐体）に使われています．

【⑦ 　　　】*は，ストッキングや水着やスポーツウェアなどに使われています．

ペットボトルについているマークの「PET*」とは，【⑧ 　　　　】(Polyethylene Terephthalate) の略です．

【⑨ 　　　】は，スポンジ，クッション，マットレス，車のシートや合成の革ジャンパーなどに使われています．

*可塑とは「柔らかく形を変えやすい」という意味．

**＊熱可塑性樹脂の代表的用途**
**ポリエチレン**：バケツ，フィルム，シート，灯油タンク
**ポリプロピレン**：食品用タッパー，プランター，コップ（ポリエチレンより融点が高く，硬いものが多い）
**ポリスチレン**：CDケース，電化製品の筐体，カップ麺の容器
**ポリエチレンテレフタレート (PET)**：卵パック，フリースなどの衣料
**ポリ塩化ビニル**：水道管パイプ，ボストンバックの生地，ビニールハウスの素材，電源コードのカバー
以上は，5大汎用樹脂．安価で，大量生産されている．

**＊熱硬化性樹脂の代表的用途**
**エポキシ樹脂**：電子回路の基板，接着剤，塗料
**ウレタン樹脂**：台所用たわし，ウレタン製マスク
**フェノール樹脂**：電気製品の絶縁体，住宅用の断熱材

*ナイロン，ポリエチレンテレフタレート (PET) については第3章を参照．

# GALLERY

## ● ナフサから作られるプラスチック製品

CD，DVD
ポリカーボネート

レジ袋
【① 　　　　　】

掃除機
ABS 樹脂

スポンジ
上層【② 　　　　】
下層【③ 　　　　】

アクリル板
アクリル樹脂

---

**COLUMN 1　一次エネルギー形態の変遷**

　原始時代から1900年頃までは，薪や石炭などの固体燃料を使っていました．産業革命が始まる18世紀後半からは，液体燃料を使い始めています．最初は，ろうそくやランプを灯すために鯨油を使いましたが，徐々に石油に代わり始め，現在ではエネルギー源として最も多く使われています．

　しかし，日本や英国では2030年までに新車販売を環境対応車（EV，HVなど）のみとし，中国，カナダ（ケベック州），米国（カリフォルニア州）では2035年，フランスは2040年までにガソリン車の販売を禁止する動きが進んでいます．

　今後，気体であるメタンや水素ガスが一次エネルギー供給源になると予測されています．エコカーのなかでも，電気自動車よりも環境にやさしいといわれる燃料電池自動車は，水素と空気中から取り入れた酸素で，電気を作って走ります．温室効果ガスである二酸化炭素（$CO_2$）を出さないエネルギー利用であり，アンモニア（$NH_3$）や安全で大量にある水（$H_2O$）から水素を取り出せます．また，水素は，燃やしても安全な水になるため，この気体が重要な役割を果たすことが期待されています．このように，人類が利用してきたエネルギーの供給源の変遷を見てみると，固体，液体，気体の順になってきているのは，まるで物質の状態変化（p.67参照）のようで，おもしろいですね．

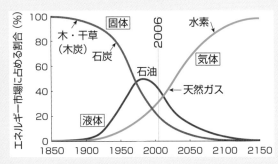

Robert A. Hefner, "The Age of Energy of Gases", The GHK Company(2007) より作成．

ドイツの燃料電池バス（左）と水素充填所（右）

## ◉ マイクロプラスチック問題

　ポイ捨てされたプラスチックごみは，景観を損ねるだけではなく，海中に入るとウミガメなどの生物が海藻などと間違えて飲み込み，消化不良や窒息によって衰弱死する例も多く報告されています．また，プラスチックは生分解されませんので，長期間紫外線にさらされることでもろくなり，こなごなに砕けます．粒形【④　　　】mm 以下の微小片や微粒子となったプラスチックを【⑤　　　　　　　　　】といいます．マイクロプラスチックはあまりに小さく回収が困難で，海洋汚染や空気汚染（小さいため空気中に舞うこともある）の原因となります．世界中のすべての人がプラスチックの廃棄をやめ，リサイクルをすることが一番簡単な解決策なのですが…

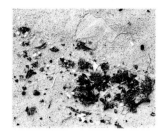
細かく砕けたプラスチック

ペットボトルなどが捨てられた海岸

クラゲと間違えてビニールを食べるウミガメ

### COLUMN 2　　世界の石油・石炭の可採年数

　私たちは，石油を中心に石炭や天然ガスなど，化石資源を一次エネルギー供給源として，電気やガス，自動車・飛行機の燃料，プラスチック原料などとして利用してきました．その結果，100 年前では信じられないような快適で便利な生活を享受しています．

　化石資源は，地球に恐竜がいた 1 億年前のジュラ紀や 3〜4 億年前の石炭紀などに作られた資源です．第二次世界大戦後，ナイロンをはじめ，さまざまなプラスチック材料が開発され，自動車や飛行機が普及したりすることにより，現代の人類は地球が 1 億年以上かけて作った化石資源を，わずか 100 年弱の短い期間にすさまじい勢いで消費しています．化石資源は有限で，いつかはなくなってしまいます．また，地球が再度それを作ることは困難でしょう．

　ひとつの説として，石油の採掘が可能な期間は，53 年といわれています．天然ガスは 56 年，石炭は 109 年，原子力発電所で使われるウランは 56 年だそうです．私たちの孫の世代が，今のようにこれらの化石資源を採掘し続けることは難しくなります．化石資源がなくなれば，プラスチック製品も電気もガスもなくなり，原始時代と同じ暮らしに戻ってしまうかもしれません．この危機にどう向きあっていくのか，真剣に考える必要があります．

| 石油 可採年数 53 年 1兆 689 億バーレル | 石炭 可採年数 109 年 8609 億トン | 天然ガス 可採年数 56 年 187 兆立方メートル | ウラン 可採年数 56 年 533 万トン（埋蔵量） |
|---|---|---|---|
| ■主な輸入相手国 | ■主な輸入相手国 | ■主な輸入相手国 | ■主な輸入相手国 |
| 1. サウジアラビア（30 %） | 1. オーストラリア（62 %） | 1. オーストラリア（20 %） | 1. オーストラリア（31 %） |
| 2. アラブ首長国連邦（22 %） | 2. インドネシア（20 %） | 2. カタール（18 %） | 2. インドネシア（12 %） |
| 3. カタール（11 %） | 3. ロシア（16 %） | 3. マレーシア（16 %） | 3. ロシア / カナダ（9 %） |

※石油，石炭，天然ガスは 2012 年末．ウランは 2011 年 1 月時点．主な輸入相手国のパーセントは，総輸入量に占める割合．

# テーマ3　プラスチック製品のリサイクル

## ■ プラスチックの歴史

　1907年，フェノール樹脂(商品名：ベークライト)が米国で開発され，プラスチック製品が初めて工業化されました．鉄の使用は紀元前2000年頃からですが，プラスチックはわずか【①　　　　】年前からです．その後，急激にプラスチック製品の生産量と消費量が増え，その廃棄と環境汚染が社会問題となっています．私たちの日常生活はプラスチックのおかげで豊かでとても便利になりましたが，プラスチックは【②　　　　】性がないため，いつまでも地中や海中に残って生態系にも大きな影響を与えます．

(a) 分野別内訳（891万トン）　　(b) 一般廃棄物（429万トン）の分野別内訳　　(c) 樹脂別内訳

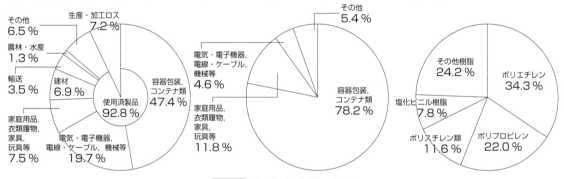

**図15.3** 廃プラ排出量の内訳

**WORK** ▶ 容器包装・コンテナ類の部分に色を塗ってみよう！

## ■ プラスチックのリサイクル

　プラスチックの原料となる化石資源には限りがあり，私たちは責任をもって【③　　　　　】を心がけなければなりません．

　日本国内の廃プラスチック排出量（891万トン）の約47％が【④　　　　】・コンテナ類で（**図15.3a**），一般廃棄物（429万トン）では約78％を占めます（**図15.3b**）．ひとりひとりが日々の生活で廃棄している食品などの容器包装がいかに多いかがわかります．

　樹脂別でみると，ポリエチレン，ポリプロピレン，ポリスチレンで約70％，約704万トンとなります（**図15.3c**）．1人が出す廃棄物の量は少なくても，日本全体で計算すると大変な量になります．

　経済産業省が，Reduce（【⑤　　　　　】：廃棄物の発生抑制），Reuse（【⑥　　　　】：再使用），Recycle（【⑦　　　　　】：再資源化）の【⑧　　　】政策*を推進しているように，廃棄物削減の重要性は高まっています．廃棄されるプラスチックを繰り返し再利用すれば，地球上にある限られた資源を少しでも長く利用でき，未来の子どもたちの生活を維持できるのです．

＊3Rから5Rへ
最近では3R政策に，Refuse（ごみのもとになるものを断る．たとえばエコバックを持参する），Repair（壊れたものを修理する）の2項目を加えて，「5R」までを必要とする考えが広まってきている．ひとりひとりの心がけでごみを減らす取り組みが行われている．

## ■ 材質表示の識別マーク

資源有効利用促進法によって指定表示製品と定められた容器包装には，【⑨　　　】を表示することが義務づけられています（図 15.4）．これらのマークによって，スーパーやコンビニで売られている商品の容器包装にどんな材質が使われているかわかるようにし，効率的に再利用（リサイクル）できるようにしています．

| プラスチック製容器包装 | 紙製容器包装 | 飲料・酒類・特定調味料のPETボトル | 飲料・酒類用スチール缶 | 飲料・酒類用アルミ缶 |

**図 15.4** 材質表示が義務づけられた容器包装の識別マーク

**WORK** ▶身の回りにあるものから上のマークを探してみよう！

## ■ プラスチック材質表示の識別マーク

「プラ」の文字に四角矢印のマークは，プラスチック製の容器包装識別マークです（図 15.5a）．「飲料・酒類・特定調味料用の【⑩　　　】」については，三角矢印のマークで表示します（図 15.5b）．プラスチックの種類は，アルファベットの略語で示します．また，ひとつの商品で複数の部位に使用されているときは，場所，各部位についても表示します．

(a) [プラスチック製容器包装]の識別マーク
キャップ：PP　ラベル：PS
JIS 方式による[材質表示]（任意での表示）

(b) [PETボトル]の識別マーク
PET ボトル
使われている部位

1　PET：ポリエチレンテレフタレート
2　HDPE：高密度ポリエチレン
3　PVC：塩化ビニル樹脂
4　LDPE：低密度ポリエチレン
5　PP：ポリプロピレン
6　PS：ポリスチレン
7　OTHER：その他

(c)

PET　HDPE　PVC　LDPE　PP　PS　OTHER

**図 15.5** プラスチック材質表示識別マークと材質の略語

**WORK** ▶材質の日本語部分を蛍光ペンでなぞってみよう！

　図 15.5（b, c）のマークの数字は材質を表しています．2〜7の材質は任意表示で，法的表示義務はありません．

　ひとりひとりの意識が変われば，大きな成果が期待できます．プラスチックのリサイクルによる資源の循環をめざしましょう．

# 15章で学んだこと

● 原油は，蒸留し沸点の違いによって，ガス，ナフサ，ガソリン，灯油，軽油，重油，残渣に分けて取り出し，利用する．

● エチレンを主成分としたナフサは，さまざまなプラスチックに加工され利用されている．

● プラスチックは生分解されないので，自然界に長く残り，生態系に影響を与える．

● リデュース，リユース，リサイクルの3Rを推進し，廃棄物を削減する必要がある．

## 実用知識　生分解性プラスチック

　紙など，原料が木材の製品は，使用後，廃棄しても自然界で微生物などによって，完全に二酸化炭素（$CO_2$）と水（$H_2O$）に分解されます．一方，石油（ナフサ）を原料とするプラスチック製品は，微生物などが分解できず，高温で焼却処理しない限りは自然界に残存してしまいます．そこで，環境問題の観点から，生分解性プラスチックが注目され，研究・開発が進められています．

　生分解性プラスチックは，プラスチックの利点をしっかり機能させながら，廃棄後に微生物などによって完全に分解されることが究極の目標です．プラスチック製品は，利用用途がさまざまなため，生分解性プラスチックの開発は困難を極めます．しかし，微生物が産生するバクテリアセルロース，植物由来のセルロースやでんぷん，化学重合で合成した高分子のポリ乳酸などが開発され，普及し始めています．

　生分解性プラスチックは，電化製品のような耐久性が求められるものには不向きかもしれません．しかし，農業用のマルチシートやネット，使い捨ての食器など，一度限りの使用で回収が面倒な非耐久品に利用され製品化されています．まだまだコストや耐久性などの課題がありますが，地球環境を考えるうえで，生分解性プラスチックの開発は，非常に重要なテーマです．

初期状態　14日後　24日後　42日後

土壌での生分解性プラスチック製ボトル
日本バイオプラスチック協会ウェブサイト http://www.jbpaweb.net/gp/ より．

生分解性プラスチックで作られたスプーンなど

問題の解答
p.113 クイズ　③石油（スーパーの袋，PETボトルなどプラスチック製品は，石油に含まれるナフサを原料として製造されている）
テーマ1　①沸点　②低分子　③ナフサ　④ガソリン　⑤灯油　⑥軽油　⑦重油　⑧アスファルト
テーマ2　①熱可塑　②熱硬化　③ポリエチレン　④ポリプロピレン　⑤ポリカーボネート　⑥ABS　⑦ナイロン　⑧ポリエチレンテレフタート　⑨ポリウレタン
ギャラリー　①ポリエチレン　②ポリウレタン　③ナイロン　④5　⑤マイクロプラスチック
テーマ3　①100　②生分解　③リサイクル　④容器包装　⑤リデュース　⑥リユース　⑦リサイクル　⑧3R　⑨材質　⑩PETボトル（ペットボトル）

# ● さくいん ●

## た 行

## 写真クレジット（本文中に表示したものを除く）

● Shutterstock.com より

各章扉キャラクター：Yindee, p.1：左 Matt Leung 右 iamlukyeee, p.4：左 Eddie Phantana ／コラム下 N team, p.5：コラム左 Warren Price Photography 右 PavelStock, p.8：STUDIO492, p.9：左 traction 右 1629636688, p.12：左列上 marcin jucha 中 Sandra Voogt 下 Cora Mueller ／右列上 khuruzero 中 Kamolwan Limaungkul 下 YuRi Photolife ／コラム上 New Africa 下 Chatham172, p.13：左列上 pukao 中 AmyLv 下 Natali Zakharova ／右列上 Yuri Samsonov 中 Kovaleva_Ka 下 Yeti studio ／コラム AKKHARAT JARUSILAWONG, p.16：Becky Starsmore, p.17：左上 Naruedom Yaempongsa 左下 HikoPhotography 右上 Stokkete 右下 Oaklizm, p.18：左 下 VectorMine, p.20：① Zafer Develi ② Levent Konuk ④ Kostiantyn Ablazov ⑥ EcoPimStudio ／ コラム vaalaa, p.21： ⑪ Dmitri Kalvan ⑬ yoshi0511 ⑭ Africa Studio ⑮ Maryna Kulchytska ⑯ Shultay Baltaay, p.25：左 ilove 右 Guryanov Andrey, p.26：左下 magnetix, p.28：上 asife 下 Pixelspieler, p.29：113406397, p.32： ① 左 Davydenko Yuliia 右 nuruddean ② 左 Africa Studio 右 Voronin76 ③左 Cegli 右 VidEst, p.33：① ykokamoto ② Papin Lab ③ jazz3311 ④ Marie C Fields ⑤ Karynav, p.36：Gus Andi ／コラム左 gontabunta 右 K321, p.37：左 JIANG HONGYAN 中 Koarakko ／コラム Brent Hofacker, p.40：K321 ／ クイズ ① 上 taa22 下 jazz3311 ③ 上 aperturesound ⑤ 上 kellyreekolibry 下 PandaStudio ⑦ 上 MaraZe 下 Kerdkanno ⑨ 上 Ivana Lalicki 下 Brent Hofacker ⑪ 上 Maks Narodenko, p.41：① MaraZe ② Tanya Sid ③ nortongo ④ bergamont ⑤ successo images ⑥ Binh Thanh Bui ⑦ MidoSemsem ⑧ JIANG HONGYAN ⑨ mahirart ⑩ domnitsky ⑪ Nishihama ⑫ kai keisuke, p.44： コラム Andrew Safonov, p.45： 左 bonchan 中 Diana Taliun 右 D_M, p.48：virtu studio, p.49：左 LI CHAOSHU 中左 PHICHCHA 中右 kazoka 右 mythja, p.52：① margouillat photo ② Dani Vincek ③ Evannovostro ④ inewsfoto ⑤ Angel Simon ⑥ MaraZe ⑦ Nishihama ⑧ Viktor Kovtun ／コラム Designua, p.53：上段左 Poring Studio 中 boommaval 右 Plateresca ／中段左 optimarc 中 Joshua Resnick 右 Iaroshenko Maryna ／下段左 Billion Photos 中 Seven land 右 Yulia Davidovich, p.56： 上 左 sasazawa 上 右 Photoongraphy 中 左 JIANG HONGYAN 中右 grey_and 下左 PandaStudio 下右 taa22, p.57：上段左 MoveAsia 中左 K321 中右 kazoka 右 jazz3311 ／ 下 段 中 左 617336486 中 Timmary 右 bonchan, p.60：上・下 jazz3311, p.61： 左 NOBUHIRO ASADA 中 Dreaming Poet 右 Flayd Isoji ／コラム kai keisuke, p.64：Benjamin Lissner, p.65：上 HikoPhotography ／クイズ左 ILXphoto 中 Shark_749 右 Petr Malyshev, p.66：magnetix, p.67：Hein Nouwens, p.68： 左 polarman 右 Guitar photographer ／コラム左 Tomas Ragina 右 Sutiwat Jutiamornloes, p.69：左 MaraZe 右 Anna_Pustynnikova ／コラム 左 sfam_photo 右 Blamb, p.72：Ivan Semenovych, p.73：左 Yuliia Myroniuk 中 Boris Medvedev 右 STJUHA, p.76：Fat Jackey ／コラム左 Vudhikrai 右 Dmity Trush, p.77：上 Dr. Me 下 Olesia_O ／コラム Toa55, p.79：Bohbeh, p.80：左 Timonina 中 Binh Thanh Bui 右 yoshi0511, p.81：左上 High Mountain, p.83：Happy Together, p.84：コラム左 Pixeljoy 右 Vinokurov Alexandr, p.85：左 Arie v.d. Wolde 中 Dafinchi 右 Kankitti Chupayoong, p.87：erwinova, p.88：上 HelloRF Zcool 左下 haru 右下 Binh Thanh Bui, p.89：French cat, p.92：左上 kazoka 右上 mTaira 左下 Nishihama 右 下 hispan ／コラム MicroOne, p.93：コラム左 anko70, p.96：Lesterman, p.97：上段左 Syda Productions 中 SUJITRA CHAOWDEE 右 Naypong Studio ／下段左 Andrey_Popov 中 Ruslan Ivantsov 右 Africa Studio, p.100：右 Inna Bigun ／コラム左 HENADZI KILENT, p.101：左 Bernhard Staehli 中 mountainpix 右 trgrowth ／コラム上 Dewin ID 下 de2marco, p.104：上 magnetix 左下 Miriam Doerr Martin Frommherz 右下 MXW Stock, p.105：左 guteksk7 右 hrui, p.108：上段左 fokke baarssen 右 SvedOliver ／下段左 Y.OKMT 中 Gary Saxe 右 mTaira, p.109：上段中左 Andrey_Rut 下段左 Ensuper 中右 Marynchenko Oleksandr 右 koka55, p.112：Poravute Siriphiroon, p.113：左 Fedor Selivanov 中 j_wood 右 Avigator Fortuner, p.115：上 Pretty Vectors 下 LoopAll, p.116：左 Dimedrol68 左中 Nastelbo 中 Tatiana Popova 右中 Nataly Studio 右 Edinaldo Maciel ／コラム 左 Paceman 右 FrankHH, p.117：左 Margaret Brown 中 Maxim Blinkov 右 Willyam Bradberry ／コラム左 maxuser 左中 lusia83 右中 tonton 右 Bjoern Wylezich, p.120：右 Pawarun Chitchirachan

著者略歴

纐纈　守（こうけつ　まもる）

1961 年生まれ．1995 年，三重大学大学院生物資源
学研究科博士後期課程修了．博士（学術）．現在，岐
阜大学工学部化学・生命工学科教授．専門は，機能
性有機分子の創成と応用．

# 楽しく学ぶ くらしの化学
### 生活に生かせる化学の知識

第 1 版　第 1 刷　2021 年 3 月 31 日
　　　　第 5 刷　2024 年 3 月 1 日

著　者　纐纈　　守
発行者　曽根　良介
発行所　（株）化学同人

検印廃止

〒600-8074　京都市下京区仏光寺通柳馬場西入ル
編集部　TEL 075-352-3711　FAX 075-352-0371
営業部　TEL 075-352-3373　FAX 075-351-8301
振　替　01010-7-5702
e-mail　webmaster@kagakudojin.co.jp
URL　https://www.kagakudojin.co.jp

印刷・製本　（株）太洋社